HANGKONG BOLAN

航空博览

余俊雄　**主编**

广西科学技术出版社

图书在版编目（CIP）数据

航空博览 / 余俊雄主编. — 南宁：广西科学技术出版
社，2012.8（2020.6 重印）
（绘图新世纪少年工程师丛书）
ISBN 978-7-80619-807-0

Ⅰ．①航… Ⅱ．①余… Ⅲ．①航空—少年读物
Ⅳ．① V2-49

中国版本图书馆 CIP 数据核字（2012）第 192527 号

绘图新世纪少年工程师丛书
航空博览
HANGKONG BOLAN
余俊雄　主编

责任编辑 罗煜涛		**封面设计** 叁壹明道	
责任校对 梁　炎		**责任印制** 韦文印	

出 版 人　卢培钊

出版发行　广西科学技术出版社

　　　　　　（南宁市东葛路 66 号　邮政编码 530023）

印　　刷　永清县晔盛亚胶印有限公司

　　　　　　（永清县工业区大良村西部　邮政编码 065600）

开　　本　700mm×950mm　1/16

印　　张　13

字　　数　167 千字

版次印次　2020 年 6 月第 1 版第 5 次

书　　号　ISBN 978-7-80619-807-0

定　　价　25.80 元

本书如有倒装缺页等问题，请与出版社联系调换。

序

    在21世纪，科学技术的竞争、人才的竞争将成为世界各国竞争的焦点。为此，许多国家都把提高全民的科学文化素质作为自己的重要任务。我国党和政府一向重视科普事业，把向全民，特别是向青少年一代普及科学技术、文化知识，作为实施"科教兴国"战略的一个重要组成部分。

    近几年来，我国的科普图书出版工作呈现一派生机，面向青少年，为培养跨世纪人才服务蔚然成风。这是十分喜人的景象。广西科学技术出版社适应形势的需要，迅速组织开展《绘图新世纪少年工程师丛书》的编写工作，其意义也是不言自明的。

    青少年是21世纪的主人、祖国的未来，21世纪我国科学技术的宏伟大厦，要靠他们用智慧和双手去建设。通过科普读物，我们不仅要让他们懂得现代科学技术，还要让他们看到更加灿烂的明天；不仅要教给他们一些基础知识，还要培养他们的思维能力、动手能力和创造能力，帮助他们树立正确的科学观、人生观和世界观。《绘图新世纪少年工程师丛书》在通俗地讲科学道理、发展史和未来趋势的同时，还贴近青少年的生活讲了一些实践知识，这是一个很好的思路。相信这对启迪青少年的思维，开发他们的潜在能力会有帮助的。

    如何把高新技术讲得使青少年能听得懂，对他们有启发，对他们今后的事业有作用，这是一门学问。我希望我们的科普作家、科普编辑和科普美术工作者都来做这个事情，并且通力合作，争取为青少年提供更多内容丰富、图文并茂的科普精品读物。

《绘图新世纪少年工程师丛书》的出版，在以生动的形式向青少年读者介绍高新技术知识方面做了一次有益的尝试。我祝这套书的出版获得成功。希望广西科学技术出版社多深入青少年读者，了解他们的意见和要求，争取把这套书出得更好；我也希望我们的青少年读者勤读书、多实践，培养科学兴趣和科学爱好，努力使自己成为21世纪的栋梁之才。

周光召

编者的话

　　《绘图新世纪少年工程师丛书》是广西科学技术出版社开发的一套面向广大少年读者的科普读物。我们中国科普作家协会工交专业委员会受托承担了这套书的组织编写工作。

　　近几年来，已陆续有不少面向青少年的科普读物问世，其中也有一些是精品。我们要编写的这套书怎样定位，具有什么样的特色，以及把重点放在哪里，都是摆在我们面前的重要问题。我们认为，出版社所提出的这个选题至少有三个重要特色。第一，它是面向青少年读者的，因此我们在书的编写中应尽量选取他们所感兴趣的内容，采用他们所易于接受的形式；第二，这套书是为培养新世纪人才服务的，这就要求有"新"的特色，有时代气息；第三，顾名思义，它应偏重于工程，不仅介绍基础知识，还对一些技术的原理和应用做粗略的描述，力求做到理论联系实际，起到启迪青少年读者智慧，培养创造能力和动手能力的作用。

　　要使这套书全面达到上述要求，无疑是一项十分艰巨的任务。为了做好这项工作，向青少年读者献上一份健康向上、有丰富知识的精神食粮，我们组织了一批活跃在工交科普战线上的、有丰富创作实践经验的老科普作家，请他们担任本套书各分册的主编。大家先后在一起研讨多次，从讨论本套书的特色、重点，到设定框架和修改定稿，都反复研究、共同切磋。在此基础上形成了共识，并得到出版社的认同。这套书按大学科分类，每个学科出一个分册，每个分册均由5个"篇"组成，即历史篇、名人篇、技术篇、实践篇和未来篇。"历史篇"与"名人篇"介绍各个科技领域的发展历程、趣闻铁事，以及为该学科的发展作出杰出贡献的人物。在这些篇章里，我们可以看到某一个学科或某一项技术从无到有，从幼稚走向成熟的过程，以及蕴含在这个过程里的科学精神、科学思想和科学方法。这些对于青少年读者都将很有启发。"技术篇"是全书的重点，约占一半的篇幅。在这一篇里，通过许多各自独立又互有联系的篇目，一一介绍该学科所涵盖的一些主要的、有代表性的技术，使读者对此有一个简单的了解。"实践篇"是这套书中富有特色的篇章，它通过一些实例、实验或应用，引导我们的读者走近实践，并增加对高新技术的亲切感。读完这一篇之后，你或许会惊喜地发现，原来高新技术离我们并不遥远。"未来篇"则带有畅想、展望性质，力图通过科学预测，向未来世纪的主人——青少年读者们介绍科技的发展趋势，以达到开阔思路、启发科学想像力和振奋精神的作用。

在这套书中，插图占有相当大的篇幅。这些插图不是为了点缀，也不只是为了渲染科学技术的气氛，更重要的是，通过形象直观的图和青少年读者所喜闻乐见的表现形式去揭示科学技术的内涵，使之与文字互为补充，互相呼应，其中有些图甚至还起到比文字更易于表达意思的作用。应约为本套书设计插图的，大都是有一定知名度的美术设计家和美术编辑。我们对他们的真诚合作表示由衷的感谢。

尽管我们在编写这套书的过程中，不断切磋写作内容和写作技巧，力求使作品趋于完美，但是否成功，还有待读者来检验。我们希望在广大读者及教育界、科技界的朋友们的帮助下，今后再有机会进一步充实和完善这套书的内容，并不断更新其表现形式。愿这套书能陪伴青少年读者度过他们一生中最美好的时光，成为大家亲密的朋友。

这套书从组织编写到正式出版，其间虽几易其稿，几番审读，但仍难免有疏漏和不妥之处，恳请读者批评指正。我们愿与出版单位一起，把这块新开垦出来的绿地耕耘好，使它成为青少年读者流连忘返的乐土。

中国科普作家协会工交专业委员会

目　录

历　史　篇

　　人类自古以来就有飞天的幻想。这种幻想不是凭空产生的。从长期对自然的观察中，人们得到启发。他们看到天空中的流云、秋风中的落叶、翱翔的飞鸟、扑向花丛的蜂蝶……都会唤起飞行的遐想。可是在生产力非常落后的古代，人们的飞行理想是无法实现的。于是，人们只好把这种美好的理想编成神话、故事和传说。这些神话有靠吃灵药奔月的嫦娥、有乘龙登天的屈原、有驾飞车飞行的奇肱国人……然而，这些飞行的方式都没有成功。直到人们发明了气球，才创造了真正能载人上天的轻航空器；发明了风筝，在这个基础上创造了飞机，才有了今天在空中自由飞行的重航空器。

飞行之梦

从嫦娥奔月到仙人"飞天"

　　"嫦娥奔月"是我国家喻户晓的神话。传说上古时代有个叫羿的勇士，他到西王母那儿要来不死的灵药。他高兴地对妻子嫦娥说："这灵药我们一人吃一半，就可以长生不老；一个人全吃下，就可以升天。"

　　心急的嫦娥一个人偷偷地把灵药全吃下了，结果身子真的飘了起来，飘呀、飘呀，一直飘到了月宫。

山东嘉祥东汉墓的飞人壁画

　　嫦娥奔月，只是人们对飞行的一种幻想，不可能实现，因为没有任何一种灵药能使人变得像鸟那样会飞。但这种幻想寄托了人类对飞行的向往。

　　在人类文明不发达的古代，人们对天空的奥秘不得而知，因此给天空罩上了一层神秘的面纱。他们认为，超人的神仙都住在天上，所以他们都有飞行的本领。

　　传说，春秋时代的列子，因为修仙得道，所以能驾风而行。明代

神话小说《西游记》中，塑造了一个具有腾云驾雾本领的孙悟空形象。在我国西北的敦煌石窟里，有隋唐时代留下来的"飞天"壁画。画中的仙人身披随风飘舞的飘带，在空中飞舞，给人以飘飘欲仙之感。

古赫梯国带翼怪兽

然而，"飞天"一类的仙人毕竟在现实生活中找不到。于是，人类又幻想自己能长出翅膀来，韩愈就用诗句表达了这样的愿望。他写道："我愿生双翼，捕逐出八荒。"意思就是希望自己生出一对翅膀，飞向四面八方。在山东嘉祥发掘的东

腓尼基圆盘上的飞人

汉墓室中，就刻画着长有双翼的小妖形象。

在我国两千多年前的古书《山海经》中，描述了一个"羽民国"，那个国家的人都长有翅膀，传说能学鸟振翼而飞行，但飞不远。这些记载表达了古人学鸟飞行的愿望。

这样的神话传说，世界各国都有。早在三四千年前，亚洲西部的古赫梯国的匠人，就雕刻了一种带翼的人面狮身怪兽。3000年前的叙利亚腓尼基人，也在圆盘上刻出了长有翅膀的"飞人"形象。在公元前1000年的古希腊神话中，就有伊卡洛斯和他父亲代达罗斯用蜡把羽毛粘在手臂上，做成翅膀飞行的故事。可惜的是，由于伊卡洛斯飞得太高，阳光将蜡晒化了，他不幸掉入到地中海里。

神话，寄托了人们的幻想，促使人类为实现理想而努力。伟大导师马克思说："任何神话都是用想像和借助想像以征服自然力，支配自然

力，把自然力加以形象化。因而，随着这些自然力在实际中被征服，神话也就消失了。"飞行的神话也是这样，人类从实践中逐渐明白，要征服天空这种自然力，不能靠灵丹妙药，也不可能幻想长出翅膀来，只有在实践中不断探索，才能向着现实靠近。

古希腊神话中伊卡洛斯和代达罗斯用蜡粘的翅膀飞行

乘龙跨凤上青天

"昔人已乘黄鹤去，此地空余黄鹤楼"，这是唐朝诗人崔颢写的著名诗句。古人看到大自然的飞鸟飞虫，又萌生了借助会飞的动物而飞的想法。

但是，现实中的会飞的动物，是难以被人驾驭、又负载不了人的。于是，人们想像出一些非凡的动物，像神龙、仙鹤、鸾凤、骐骥等，能带人上青天。

神话中的仙人都住在天上，所以神仙都能乘龙跨凤。传说，我国的始祖黄帝就是骑龙上天去做神仙的。春秋战国时代的楚国著名诗人屈原，在诗篇《离骚》中，就幻想自己驾龙御凤，经过昆仑山来到天门。

唐朝诗人李白在《忆秦娥》词中，讲了个秦国国君秦穆公的女儿弄玉和萧史乘凤飞天的故事。

屈原幻想乘龙上天

外国也有类似的传说。在公元 4 世纪的古希腊花瓶上，画着一位骑着飞马上天的英雄贝洛风。传说公元前 1500 年，波斯国王考卡司曾经乘坐一辆四驾鹰车飞向天宫。

骑飞马的贝洛风

尽管靠动物飞行只是一种良好的愿望，但人类借助动物飞行的愿望并没有终止。直到现在，有人还想用苍蝇作动力，来驱动微型飞机模型。

从奇肱飞车到脚踏飞车

随着生产力的进步，人类对飞行的向往越来越现实。靠灵药不行，靠动物不行，那么靠器械行不行呢？于是，人类最早幻想的器械——飞车出现了。

宋代文学家苏东坡写过这样的诗句："我欲乘飞车，东访赤松子。"诗人对飞车寄予多么大的希望啊！可以说，自从陆地上出现了车子之后，人们就幻想有种车子也能在空中飞。

六龙驾车

西汉司马迁编的《史记》中说，天帝把北斗星座的星斗当成自己的车座。而同一时期编的《淮南子》中，则讲了一个"六龙驾车"的神话。当人类创造的用风推动的风车出现后，就又有了用风力推动飞车的幻想。

《山海经》中的奇肱飞车

　　古地理书《山海经》中，记载着一个奇肱国的故事。传说奇肱国人虽然只长有一只胳臂，但会造飞车。清朝李汝珍写的《镜花缘》中，详细描写了飞车的性能、功用、构造和驾驶方法，并且说周饶国人改进了奇肱飞车，在上面装了机关，每日能飞两三千里。

　　清朝时，有个苏州人则进了一步，真的造起飞车来，并将飞车改成脚踏式的。这辆飞车虽然没有成功，但为现代人力飞行的成功，启迪了思路。

从造模型到模仿

竹鹊与木鸢

我国古代有许多能工巧匠，他们在实现飞行之梦的征途中，向前跨进了一步，就是用自己高超的技艺，制作出各种飞行模型，如飞鸟的模型。在这些能工巧匠中，最有名的要数春秋战国时代的鲁班和墨子了。

墨子与鲁班比武

鲁班，姓公输，名般，因为是鲁国人和古代"般"、"班"同音通用，所以后世称鲁班。他是鲁国著名的工匠，相传他在木工工具、机械、土木建筑方面有多项创造，传说他曾经用竹木做成了一只鹊鸟模型。这只竹鹊借助风力在空中飞行了三日，没有掉下来。

墨子名墨翟，是宋国人，不仅是春秋战国时的思想家、政治家，也懂机械。据说他和他的弟子花三年时间，用木头制成了一种鸢鸟模型。不过，这只木鸢飞一天就坏了。

以上传说未必可信，从当时的生产力水平来分析，竹鹊和木鸢能飞三日或一日，有些夸大。但是，从这些传说中可以看出，我国早在两千多年前，就已经制造出了飞鸟模型。这种模型尚未装上动力，如果真能飞的话，最多只能滑翔飞行。

东汉科学家张衡，研究天文、地理和阴阳历算，创造了浑天仪、候风地动仪、瑞轮蓂荚等多种天文、地理观测仪器，在木制机械方面也很有成就，制造出指南车、计里鼓车，还曾制造出一种能飞的"木雕"，即带机关的木鸟。传说这种木鸟身上附有羽毛，肚子里装有机器，机器开动后，能飞好几里路远。唐朝有个巧匠韩志和也制作过带机关的木鸟，据说这种木鸟的机关开动后，可以飞到三丈高。如果这些传说确实的话，那么这种带机关的木鸟可以说是最早的动力飞行模型了。

想学鸟飞的人

人类学习飞行的最早"老师"就是大自然的飞鸟和飞虫。人类很早就想在自己身上长上翅膀，像鸟那样扑翼而飞。

东汉班固写的《前汉书》中说，在西汉王莽当政时，他为了巩固政权，广招各种"异能士"从军。有一个人应召在长安表演飞行，他将大鸟翅膀绑在手上，从高台扑翼而下，飞了几百步远，但最后坠落到地上。

在世界历史上，这样的飞行事例很多，但都以失败而告终。如公元875年，一个阿拉伯人全身着羽毛，从高处扑翼而下，结果摔伤了。公元1100年，古罗马帝国君士坦丁堡一个伊斯兰教徒，用长袍的大袖子作翅膀，从一个高塔上扑翼而下，结果摔死了。

"异能士"着羽毛而飞

15世纪意大利天才设计家达·芬奇，曾亲自设计了一种扑翼机。可惜的是，他的这个设计一直埋没在书本里，从未付诸实践。

扑翼飞行的失败促使飞行家去思考，懂得了这种飞行方

达·芬奇设计的扑翼机

式是飞鸟和飞虫的"专利"，人类望尘莫及。飞鸟和飞虫在长期的进化过程中，整个生理构造都适应了扑翼而飞。人类却不能走扑翼飞行这条路，而要寻找另一种方式。这种新方式的获得，则是受到风筝飞行的启发。

风筝——飞机的雏形

"四面楚歌"的故事

风筝是少年朋友最喜欢的玩具之一，它在我国有着极其古老的历史。

传说两千年前，楚霸王项羽和汉高祖刘邦打仗。刘邦手下的大将韩信，把项羽的军队围困在垓下（今安徽灵璧）。为了瓦解楚国的军心，他用绸绢和竹木扎了一个大风筝，在风筝上绑上竹笛，趁着夜深人静之时，将风筝放到楚军阵地的上空。风吹竹笛发出呜呜的声响，汉军同时唱起楚国的歌曲。楚军士兵听到乡音，于是军心涣散，结果楚军大败。这就是"四面楚歌"的故事。从这个故事可以看出，风筝在我国最少有2000年的历史。

在我国古代，关于风筝的故事很多。汉朝陈稀谋反刘邦，由于韩信和刘邦发生了分歧，他就帮助陈稀去攻打未央宫。为了测量进攻路线，他又放出风筝来测量距离。南北朝时，梁武帝被侯景围困在南京的台城里。梁武帝的将军羊侃把求救信绑在风筝上，将风筝放出城去，可惜风筝放得太低，没有成功。唐朝时，田悦把张伾围困在临城。张伾仿照羊侃的办法，用风筝送信搬兵。结果，风筝放到近百丈高，被马燧得到，于是出兵救了张伾。由此可见，当时的风筝成了作

韩信放出风筝

战时军事联络的工具。

唐朝以后，风筝又成了娱乐工具。尤其是五代时，开始用纸扎制风筝，使风筝成了大众化的玩具。著名古典小说《红楼梦》的作者曹雪芹就是一个风筝专家。他不仅在小说中描写了放风筝的情景，而且写了一本专讲风筝的书《南鹞北鸢考工记》。

风筝传到国外，也引起了国外的极大兴趣，至今，有的西方国家还用象征"中国"的词来称呼风筝。如法国把风筝称作"飞唐"，德国把风筝称作"飞龙"，而"唐"和"龙"都是中国的象征。

1752 年 7 月，美国物理学家富兰克林还用风筝做了一次震动全球的吸引天电的实验。当时，大多数人不知雷电是什么东西。有人以为

"鸳鸯戏水"工艺风筝

雷电是"上帝之火"，是天神发怒的表现。富兰克林根据自己的观察，认为雷电是大气强力放电的现象。为了证实自己的想法，他冒着生命危险，在大雷雨天气，把风筝放到有雷电的天空。由于风筝拉线被雨淋湿后可以导电，他将拉线末端接到检验电荷的莱顿瓶上，结果真的测出了电荷。从此，人们把上帝和雷电分了家。不过，这个试验很危险，做过这类实验的其他人均遭雷击而身亡。少年朋友千万不要再去做这种实验。

风筝是一种最原始的飞行器，也可以说是飞机的雏形。事实上，早期的许多飞行家，他们小时候都放过风筝。马来西亚航空公司至今仍用风筝来作为民用航空标志。难怪美国国家航空和空间博物馆的说明牌上写道："最早的飞行器是中国的风筝和火箭。"

富兰克林放风筝吸引天电

飞机的翅膀像风筝

风筝能在天上飞，那么，它能不能把人载上天呢？许多先驱者用自己的身躯进行了实践。

传说韩信造的风筝，就把身材轻巧的张良载上了天。南北朝时代，北齐皇帝要处死囚犯时，让囚犯乘风筝从高楼上跳下。有一个叫元黄

举力

风向

阻力

拉力

重力

风筝风行原理

头的人，竟乘风筝飞到很远的地方，安全落到地上，结果免去一死。

1804年，英国航空家乔治·凯莱，做了一只像滑翔机形状的大风

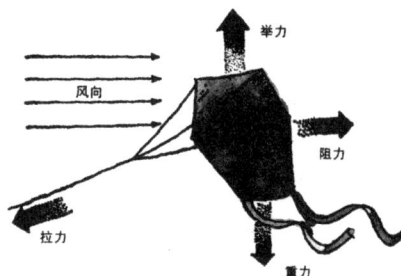

筝。他在风筝上装了一个吊舱，让一个马车夫坐在吊舱里，然后用一辆马车来拉动风筝。结果，风筝竟载人离地飞行了一阵。

1873年，俄国飞行家莫扎依斯基也制作了一种大风筝。他多次将自己吊在风筝上，让马车拉着风筝起飞。他这样借助风筝成功地在空中飞行了多次。

1901年，美国莱特兄弟曾用绳子把滑翔机像风筝那样放飞到空中，用以练习操纵飞行技术。这为他们后来成功地创造出世界上第一架飞机打下了基础。

风筝为什么会飞？这个问题是18世纪的瑞士空气动力学家伯努利解答的。他发现了一个原理：流体有一个怪脾气，即流得快时，压力小。当风筝斜着对准气流方向时，

元黄头乘风筝从高楼跳下

风筝前面的气流受到阻碍，流速就会变慢，这样气流对风筝的压力就大；而风筝背面的气流没有受到阻碍，流速很快，那里的压力就小，这样，风筝就会得到一个向上的举力，从而升上天去。

由此可见，一块平板只要在空中与气流形成一个角度，就会在气流的作用下产生升力。风筝上升靠的是风，也就是气流。如果没有风，只要有一股力量带动风筝前进，同样可以产生升力。而风筝的动力来自人对风筝的牵引。因此，有了动力，一块平板也可以升上天。所

"嫦娥奔月"工艺风筝

以，航空学家有一句豪言壮语："只要给我一台力量足够的发动机，我便可以驾着门板飞行。"

现代飞机飞行的原理，和风筝飞行的原理一样。一架飞机的翅膀，就可以看成是一对风筝，只不过飞机的翅膀形状更有效而已；而飞机的发动机，就相当于风筝的牵引线。所以可以毫不夸张地说：风筝就是飞机的雏形。

莫扎依斯基乘风筝飞行

飞行的第一步——滑翔

老鹰打旋之谜

人们在观察老鹰飞行时，会发现它有的时候不扑动翅膀，也能往高空飞。这是为什么呢？

这个谜，早在 1600 年前就被我国晋朝的炼丹家葛洪解开了。有一次，葛洪带着徒弟到山上采药。这时，他看到一只老鹰伸展着翅膀在天上打旋，而且越旋越高。他躺在草地上仔细地观察老鹰飞行的情况，并且认真地观察了空中的风向。当徒弟问他上面这个问题时，他想了一下回答说："这是因为老鹰受到剄气支持的缘故。""剄""罡""刚"音义相同，中国道家称天空极高处的风为罡风。葛洪所说的剄气，就是指上升的气流，也就是往上吹的风。老鹰打旋，就像一只没有带拉线的风筝，当它在空中遇到上升气流时，可以平飞或

葛洪观察老鹰翱翔飞行

升高，通常称这为翱翔；当它没有遇到上升气流时，可以靠自身重力向前的分力和空气的浮力，作向下的飘行飞行，通常称这为滑翔。

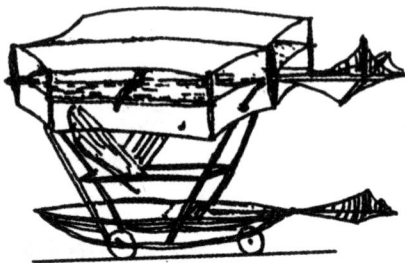

凯莱设计的滑翔机草图

人类受老鹰翱翔的启发，并通过实践，发现翱翔比扑翼而飞要省力得多，于是放弃盲目地学鸟扑翼而飞，而改学老鹰展翅翱翔，于是造出了最早的飞行器——滑翔机。

滑翔机本身无动力，但当它在高山陡坡上，被外力拖动向前，以一定速度抛入空中时，可以滑翔或翱翔。

滑翔是人类飞行的第一步，它是受老鹰翱翔的启示而开始的。

最早乘滑翔机上天的"飞行员"

早期的滑翔机外形就像老鹰。人类设计和制造的第一架载人滑翔机至今还陈列在澳大利亚的一个博物馆里，它是英国飞行家凯莱发明的。

凯莱被称为"英国航空之父"。他从小就对飞行感兴趣。他于1809年，发表了一篇文章《航空论》，认为鸟类飞行之所以不会掉下来，原因在于受到了空气的阻力。这和我国葛洪所说的上升气流的作用是相同的。

为了使人能像鸟那样滑翔飞行，许多聪明勇敢的飞行家开始了滑翔机的研究和实践。

1849年，凯莱制造了一架有三层机翼的滑翔机，并叫一个10岁的小孩来试飞。他把滑翔机拉到一个山坡上，然后，从山坡顶上往下滑。慢慢地，这架滑翔机真的在空中飘飞了起来，而

乘滑翔机飞行的小孩

且一直飞了好几米远。别看才滑飞了几米，但这却是人类第一次乘滑翔机飞行啊！而这第一个滑翔机飞行员竟是一个只有 10 岁的小孩。

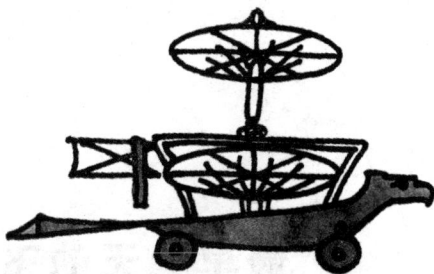

凯莱的滑翔机

　　真正把滑翔技术推向高峰的，则是被称为"滑翔之父"的德国飞行家李林塔尔。他一生进行过 2000 多次滑翔飞行试验。人类第一架飞机也是在李林塔尔的精神感召下诞生的。

最早上天的飞行器——气球

从天灯到孔明灯

气球是人类制造的最早上天的飞行器。它是利用空气的浮力浮到空中的，所以叫轻飞行器。

西汉编的《淮南子》书中，就有这样的设想：

古人幻想用热气浮起蛋壳

在空蛋壳内点上艾叶，把壳内空气烧热，热气就会把蛋壳支持起来，浮在空中。这个设想虽然难以成功，但是它的浮空原理是对的。因为热空气比冷空气轻，所以只要蛋壳体积足够大，容纳的热气足够多，浮起来则是可能的。这种利用热气将物体浮空的方法，就是后来人们发明的热气球的工作原理。

莘七娘的"天灯"

我国在公元907—960年的五代，就发明了热气球。当时有一个叫莘七娘的女将，就用竹篾扎制了一种纸灯，里面点上松脂，可以浮在空中当信号灯，当时叫天灯。这种天灯可以说是热气球的雏形。

宋朝以后，热气球在我国普遍传开。它的花样很多，又叫"飞灯"、"云球"、"球灯"和"灯球"等。

到了元朝，正式用热气球来作为军事联络信号，并用来当做娱乐玩具。14世纪初，元朝皇帝登基时，在庆典会上就放过热气球。

傣族人的孔明灯

有的热气球又叫"孔明灯"，因此，有人误会热气球是三国时代孔明发明的。其实，热气球的发明并无史书记载为孔明所首创。

三代气球

气球这种轻飞行器，它的发展经历了三代，即热气球、氢气球和氦气球三个阶段。

热气球捷足先登，成为最早载人上天的飞行器，而把它送上天的是法国蒙哥尔费兄弟。那是1783年11月21日，地点在法国巴黎米也特保广场。乘热气球的人是罗齐埃和达尔朗德。

热气球为人类上天立了头功，

热气球先把羊、鸡和鸭送上天，接着又把人送上天

但是，它有许多缺点。由于高空空气温度低，所以飞不高。另外，它不安全，易烧毁。为此，人类开始寻找一种比空气轻的不会自燃的气体。其实，这种气体早在1766年前后，就已经由英国科学家卡文迪许等人找到了，它就是氢气，只是当时没有应用到气球上。

被村民误认为是"妖魔"的氢气球

是法国科学家查理最先用氢气填充气球，制成了第一只氢气球。1783年8月27日，第一只氢气球在巴黎升空，它一直飞到郊区戈尼泽村才落下来。可惜的是，村民以为这是天上掉下的妖魔，把它捣毁了。1783年12月1日，氢气球首次载人上天成功。从此氢气球取代了热气球，成为飞得更高的新一代气球。

然而，氢气球也有缺点。氢气虽然不会自燃，但它是一种可燃的气体，很易燃烧。历史上有许多气球飞行家因所乘氢气球燃烧而葬身火海。为此，人们又想寻找一种又轻又安全的气体。这种气体终于在1868年被天文学家找到了，它就是氦气。于是气球制造家开始制造第三代气

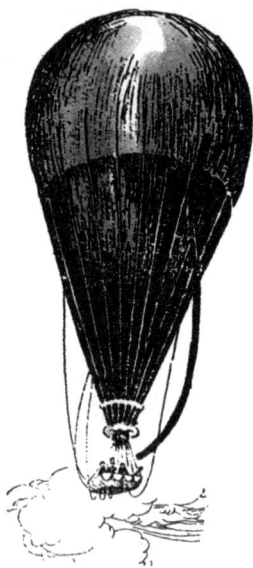

"双鹰2号"氦气球

球——氦气球。氦气的重量为空气的1/6，而且不易燃烧，所以，氦气球成为当今普遍采用的新型先进气球。1978年，3位美国探险家曾乘"双鹰2号"氦气球成功地横渡了大西洋。

名 人 篇

一部航空发展史，是许多航空先驱们的奋斗史。在千千万万为航空事业而奋斗的人中，出现了这么多优秀的人才，是他们使航空工程的某个方面取得了关键性的突破，为世界航空史写下了光辉的一页。

第一个制造载人气球的蒙哥尔费、第一个创造滑翔飞行记录的李林塔尔、第一个乘飞机飞行成功的莱特、制成第一架实用直升机的西科尔斯基，以及当今著名的米格战斗机的设计者米高扬、波音喷气机的创始者波音……他们的名字和事业，为广大航空工作者所赞颂。他们像一颗颗闪亮的珍珠，组成了人类航空事业的璀璨光环，推动航空工程不断进步。

在我国航空事业的发展史上，也记载着许多闪光的名字，如我国第一大飞行家冯如，以及首创"航空救国"思想的革命家孙中山等。让我们沿着他们的足迹前进吧！

蒙哥尔费与载人气球

炉烟的启发

世界上第一个把人成功地送上天的飞行器是热气球，它是由法国的约瑟夫·蒙哥尔费和艾利纳·蒙哥尔费兄弟制造的。

蒙哥尔费兄弟发明载人热气球的创意，来源于他们小时候对炉烟的观察。他俩是法国南部昂纳内一个造纸商的儿子。1782年冬天的一个晚上，哥俩坐在壁炉旁取暖。炉烟从火堆中徐徐升起，从烟囱飞到天空中去。哥哥约瑟夫看到这情景，心中萌发了一个设想：利用热烟升空。他找来一块绸子，缝成一个口袋。他和弟弟一起，把口袋开口对着炉火，很快，烟把口袋鼓起来了。这时，他用绳子把袋口系住，接着，松开手。嘿！口袋真的上升了，而且一直升到天花板上。直到烟冷却之后，口袋才掉下来。这个试验，引起了他们的极大兴趣，使他们开始迷上了热气球。

约瑟夫·蒙哥尔费

艾利纳·蒙哥尔费

虽然利用热气使气球上升的试验，前人也做过，但蒙哥尔费兄弟可贵的地方是，坚持试验到底，决不因困难和失败而退却，这样，他们的热气球就越造越理想了。

决心把人送上天

蒙哥尔费兄弟不满足室内的试验，他们决定把气球做大些，而且要到野外去放飞。

气球越做越大。在野外用枯叶点上火，气球充的热气也越来越足。放飞后，上升的高度也越来越高。估计当时最高可以升到 21 米。

为了表达他们试验的决心，他们决定公开进行放飞表演。

1783 年 6 月 5 日，在昂纳内的集市场地上，堆着许多草、麦穗和羊毛，准备用作燃料，以产生热气。试验用的气球是用亚麻布和纸做的，容积足有六七百立方米。试验时，集市上挤满了看热闹的人。蒙哥尔费兄弟点起了火，慢慢地将气球充满热气。气球口用绳子系好后，开始放飞。

第一个载人热气球

气球在众人的眼前上升了，越升越高，竟达到 1830 米高。它随风而飘，一直飘飞了 2000 多米远。

蒙哥尔费制成热气球的消息传开了，最后竟传到了巴黎。法国科学院邀请他们去巴黎表演。兄弟俩心想，气球能不能载上东西或人升上天呢？他们凭多次试飞的经验得出结论：一定可以。于是，他们接受了邀请，而且要进行气球载"客"表演。他们先载动物上天，成功后，又接着载人上天，也成功了。

蒙哥尔费热气球将人类首次升上天空，为人类飞行史写下了光辉的一页。

紧接着，1783 年 12 月 1 日，继载人热气球升空后，载人氢气球在巴黎升空，持续飞行达 35 分钟。一时间在世界范围内兴起了气球热。人们渴望乘坐气球探险。这样一来，也极大地推动了人们对大气层的探测和研究。

李林塔尔和滑翔机

学鸟飞的小哥俩

1861 年夏天的深夜，在德国北部小城安卡拉姆，有两个小孩从外婆家偷偷地跑出来，来到城里一个高高的检阅台上。他们手臂上各绑着像翅膀一样的木板，原来他们是到这里来练习飞行的。整个夏天，他们几乎天天这样练习。这两个小孩就是李林塔尔兄弟。

安卡拉姆水草繁茂，是鸟儿活动的好地方。李林塔尔兄弟的外婆就住在这里。他们的童年就是在这里度过的。他们经常专心观察鸟类的飞行状况，并萌发出学鸟飞行的愿望。

奥托·李林塔尔

开始，他们学着大雁那样扑翼而飞。先是用木板当翼，在检阅台上飞。后来他们又用鹅毛粘成翅膀，到城墙上去飞。为了买鹅毛，他们几乎跑遍了全城。因为害怕别人阻拦和讥笑，所以他们总是在深夜里试飞。为了学飞，他们常常摔得鼻

李林塔尔兄弟小时候学飞行

青脸肿。飞行的"梦想"成了他们终生的追求。

勇敢的"蝙蝠侠"

李林塔尔兄弟长大后。哥哥奥托·李林塔尔到柏林去研制发动机，弟弟古斯塔夫·李林塔尔则到澳大利亚去学习。但是，他们仍通过通信来研究飞行问题。

几年以后，哥哥开始研制滑翔机。这时弟弟回国了。他们一起合作，造出了多种型式的滑翔机。

李林塔尔驾驶滑翔机

奥托·李林塔尔决定亲自试飞自己的滑翔机。他们设计的滑翔机有着大大的翅膀，样子很像蝙蝠。于是，人们给奥托起了一个"蝙蝠侠"的美称。

奥托·李林塔尔经过试飞，发现学鸟扑翼而飞是难成功的，而学老鹰滑翔则越飞越好。于是，他们先在屋顶上滑翔，后来到山坡上去滑翔，经过多次试飞，越飞越高，越飞越远。

从1891年，李林塔尔兄弟首次成功地试飞滑翔机，到1896年，奥托·李林塔尔已经做了两千多次飞行试验，而且多次创造滑翔飞行记录。1896年4月9日，奥托进行了一次新的飞行试验。他在滑翔机上装了控制装置，以便使机翼适应风向，从而具有更好的飞行性能。可惜的是，在飞行中滑翔机突然控制失灵，摔了下来。奥托受了重伤，不幸牺牲。然而他临死前还对弟弟说："飞行总要有人牺牲。"这句话表达了他为飞行事业而勇敢献身的精神。

奥托的精神鼓舞着后来者。美国的莱特兄弟就是听到奥托牺牲后，决定继承他的遗志，矢志飞行的。

飞机发明者莱特兄弟

玩具引起的兴趣

莱特兄弟哥哥叫威尔伯·莱特，弟弟叫奥维尔·莱特，哥哥生于 1867 年，弟弟生于 1871 年。他们之所以热衷于航空事业，还是由玩具引发的哩。

莱特兄弟的父亲是一家教堂的主教，经常不回家。在

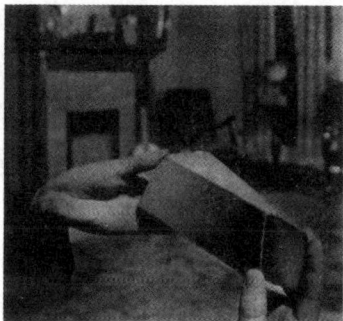

从扭曲的鞋盒中得到启发

他们幼年的时候，有一天，父亲给兄弟俩带回来一件玩具——直升飞行器模型。兄弟俩对这件玩具十分感兴趣，玩得很投入。每当他们将这种玩具放飞到空中时，就会激起他们探索航空奥秘的愿望，并从此在心中埋下了飞行的种子。

莱特兄弟家境贫寒，他们没能读完

莱特兄弟小时候玩飞螺旋玩具

27

高中。但是他们立志为飞行而求知的愿望并没有消失，他们一面发愤自学有关飞行的书籍，另一方面经常到实践中去学习有关知识。他们常常到野外去观察鸟类的飞行，有时一看就是大半天。他们边看边思考：鸟不比空气轻，为什么能飞起来呢？

1893年，他们成年了，开始从事自行车修理工作，在实践中积累了许多机械制造方面的经验。几年后，他们听到李林塔尔牺牲的消息。有人说李林塔尔是胡闹，是上帝对他的惩罚；而莱特兄弟则认为李林塔尔的行为没有错，只是操纵有失误。于是，他们决心研制出新的操纵机构和新型的滑翔机来，以完成李林塔尔的遗愿。

放飞滑翔机

滑翔机造好了，可到哪儿去试飞呢？莱特兄弟写信问气象局，气象局介绍他们到北卡罗来纳州的基蒂霍克海滩去，因为那里的风力平稳，地方也宽敞。

放飞滑翔机

兄弟俩在海滩上安上帐篷，长期住下来。开始，他们用绳子把滑翔机系起来，然后像放风筝那样，拉着滑翔机飞行。

为了改进操纵滑翔机平衡的方法，他们苦思苦想。有一天，哥哥威尔伯·莱特拿起一个鞋盒子，无意地扭转了一下。这一扭曲，给他启发：利用机翼的

扭曲不就可以操纵飞机的平衡吗？就这样，他和弟弟奥维尔·莱特很快造出了操纵滑翔机机翼扭曲的装置。经过试飞，果然这样的滑翔机飞得平稳了。

莱特兄弟有两句名言："最会说话的鸟是鹦鹉，而最不会飞的也是它。""要学会骑马，就得先骑在马上。"他们决心当骑手，而不当鹦鹉，亲自去试飞滑翔机。

莱特兄弟

他们常常一人坐在滑翔机里，另一个人拉着滑翔机跑。拉着拉着，滑翔机真的把人带上了天，而且操纵自如。经过多次试飞，他们坚信，只要在滑翔机上装上发动机，它就可以飞起来。

"书架"飞起来了

莱特兄弟在自己的自行车修理作坊中开始研制有发动机的飞机。

他们先造出了机身、机翼，而且造出了原始的"风洞"来试验升力。接着，又开始造发动机的螺旋桨。经过不断努力，飞机终于造成了。

第一架飞机飞起来了

他们再一次来到基蒂霍克海滩，准备在这里试飞飞机。可是，多次试飞都不成功。海滩上的人们开始还很感兴趣，赶来看。但是，后来看到老失败，也就不抱希望了。

1903 年 12 月 17 日，莱特兄弟准备再一次试飞。他们去请附近的农民来参观，但多数人不热心，最后只来了五个人。

上午 10 时 35 分，奥维尔先登上飞机，他趴在驾驶座上，开动了发动机。飞机慢慢地在地面滑行。接着，螺旋桨加快旋转，飞机一下子升了起来。啊！真的飞起来了。人们欢呼起来，并跟着飞机跑。这是第一次飞行，共飞行 12 秒，约 30 米远。接着兄弟俩轮流登机飞行，第二次、第三次、第四次都飞成功了。四次飞行总共飞行 97 秒、441 米远。这是人类第一次使用动力的载人飞行啊！

莱特兄弟制造的第一架飞机"飞行者 1 号"，样子简陋，人们戏称它为"书架"，然而这只"书架"已经骄傲地飞起来了，后来陈列到博物馆里。

人们高兴地跟着飞机跑

向世界宣传飞机

莱特兄弟首次乘飞机成功飞行那天，由于人们不相信飞机能上天，观看的人很少，所以莱特的飞机当时没有得到美国政府和公众的承认。但是，他们并没有灰心，而是继续坚持飞下去。

1905 年，莱特兄弟将飞机的发动机功率加大到 20 马力（14.7 千瓦）；1907 年，又加大到 35 马力（25.7 千瓦）。这时飞机不但能更好地飞行，而且能搭载旅客。1908 年 5 月，莱特搭乘一个叫华莱士的人，飞行了 28.6 秒钟。这一年，美国军方

威尔伯·莱特

终于承认了莱特的飞机，而且签订了请莱特兄弟造飞机的协议。

这年 8 月，莱特兄弟进行了第一次公开的飞行表演。这时，他们的飞机才成了报纸的头条新闻，并受到广泛的赞扬。

为了向世界宣传飞机，莱特兄弟应邀到欧州去进行飞行表演。在法国表演尤为成功。飞机在观众头上作盘旋和 8 字形飞行，受到人们热烈的欢迎和极高的赞赏。为此，法国政府还给莱特兄弟颁发了勋章。

奥维尔·莱特

在莱特兄弟飞行的激励下，一批飞行的先行者脱颖而出，其中有美国的寇蒂斯，法国的拉塔姆、杜蒙、布雷里奥和法曼等。1910 年，欧洲的飞行家也到美国进行了回访表演，亦取得了成功。

就是这些以莱特兄弟为首的早期先驱者们，为人类的飞行事业打下了基础。

莱特兄弟在欧洲表演飞行

中国大飞行家冯如

奋发图强造飞机

在广州黄花岗烈士陵园，有一块墓碑上铭刻着："中国始创飞行大家冯如"。我国第一位飞机制造家和飞行家——冯如，就牺牲在广州，埋葬在这里。

冯如是广东恩平人，1883 年出生于贫苦农民家庭。他 12 岁时就随舅父到美国谋生，在旧金山等地做工。他刻苦好学，曾到纽约专门学习机器制造，在纽约期间设计

冯如制成的第一架飞机

制造了抽水机、打桩机、无线电收发报机等，展示出他的创造才华。1906 年，在美国莱特兄弟发明飞机的激励下，他决心自己造飞机。

当时中国正受列强侵略，冯如想："有成千上万架飞机分守中国沿海港口，就足以防御列强的侵略了。"在华侨的赞助下，冯如于 1907 年开始于奥克兰制造飞机。1908 年，他造出了第一架飞机。可惜的是，这架飞机试飞时失败了。冯如并没有气馁，经过改进，他于 1909 年 2 月又造出了第二架飞机。这架飞机试飞时，刚飞起来，又不幸坠地撞毁了。

接连的失败，使有些资助冯如的人动摇了。可冯如决心不改，他宣称："飞机不成，誓不回国。"

他一方面再争取资助，凑出造飞机的费用；另一方面仔细研究飞行原理，再造新飞机。就这样，他在造飞机的道路上越走越坚定。

百折不挠上青天

一天，冯如看到一只老鹰在空中自由翱翔，他仔细观察它的飞行情况。接着，他又找来一只鸽子，认真研究它的体重、翅膀长度，找到它们和升力的关系。这些都为他改进飞机打下了基础。

经过几个月的努力，1909 年 9 月，冯如又造出了一架飞机，并准备再一次亲自去试飞。

冯如

17 日傍晚，冯如驾驶这架飞机飞离了地面。但在着陆时失控，撞坏了起落架的轮子。冯如没有灰心，马上又换上新轮子，重新试飞。

21 日傍晚，冯如再次登上飞机。飞机顺利起飞，并飞到 15 英尺（4.6 米）高空，绕着小土山，转了一圈，飞行了 0.8 千米之后，操纵飞机降落。不幸的是，由于螺旋桨的螺丝拧得过紧，螺旋桨突然停转，致使飞机坠落而撞弯了起落架。尽管这样，冯如的这架飞机还是初步获得了成功。

以后，冯如又博采众家之长，不断改进自己的飞机。1911 年 1 月，他制造出了第七架飞机。他在奥克兰驾驶这架飞机，飞到 40 英尺（12 米）高，绕着艾劳赫斯特广

航空救国 孙文书

33

场上空飞行了 4 分钟，飞行路程达 1.6 千米，而后安全降落。这是一次完全成功的飞行，也是冯如多年来努力的结晶。

据说，当时我国革命先驱者孙中山先生曾亲眼观看了冯如飞机的飞行，他兴奋地称赞道："我国大有人才啊！"后来，他还特地手书了"航空救国"四个大字，表达了他对航空事业的支持。

投身祖国航空事业

冯如飞行成功后，曾携带飞机到美国各地表演，均获得巨大的成功。其中有一次创造了时速 105 千米、航程 33 千米、高度 110 米的纪录。这比第一届国际飞行比赛的速度冠军寇蒂斯的纪录还多 30 千米。难怪当时美国报纸称"冯君名誉已飞腾于世界"。

当时，美国有人想用重金聘请冯如当教授教飞行。但是，冯如决心把自己的才华献给祖国。

1911 年 1 月，孙中山领导的民主革命运动正在蓬勃发展。为开拓祖国航空事业、支援革命，冯如毅然带着自己的飞机回到了祖国。

广东省恩平市的冯如纪念馆

冯如先在上海江湾跑马场进行了飞行表演，接着又来到广州燕塘，在那里创建飞机制造厂。

这一年 10 月 10 日，武昌起义爆发，冯如率领他的三位助手一起投身革命，被任命为广东革命军飞机长。冯如立即在燕塘制造飞机，并组建了北伐飞机侦察队。

在此期间，冯如还在广州成立了广东飞行器公司，这是我国以私人资本创办的第一家飞机制造公司。公司的合约上，明确写着它的宗旨是"壮国体、挽权利"，这充分说明了冯如的爱国之心。

魂系蓝天

为了宣传和普及航空知识，增进人们对航空事业的认识，冯如曾到香港进行一次飞行表演。后来，又到广东台山县城表演。

1912 年 8 月，经广东军政府批准，冯如又决定在广州燕塘进行飞行表演。飞行时间定在 8 月 25 日。

这一天天气十分晴朗，加上燕塘在广州近郊，又是星期日，所以参观的人非常多。冯如向来宾介绍了飞机的用途、制造经过、飞行性能和驾驶方法，人们向他报以热烈的掌声。

接着，他登上飞机，凌空而起，向东南方向飞去。飞行高度达 120 英尺（36.5 米），飞了近 8 千米。

但是，由于飞机机件生锈，性能受影响，当他想操纵飞机飞得更高时，突然失去了平衡，飞机急速下坠，摔毁在地上。

冯如头、胸和股部等处都受了重伤。虽经抢救，终因伤势太重而不幸牺牲。

在临死前，冯如仍念念不忘发展祖国的航空事业。他嘱咐助手说："如果我死了，不要因为这件事故而失去进取心，要知道，飞行中出事故是必定会有的一步。"

广州市黄花岗的冯如墓塔

冯如牺牲时只有 29 岁，但他为我国飞机制造业和航空事业的发展作出了开创性的贡献。冯如的英名与历史长存。在他的家乡恩平，人们建造了冯如纪念馆，在北京的中国航空博物馆，陈列着他 1910 年 7 月制造的"冯如"二号飞机的复制品。

"孤鹰" 林白

立志横越大西洋

1919年，为了激励飞行事业的发展，法国商人雷蒙·欧蒂格悬赏25000美金，奖励第一位从美国纽约持续不停飞越大西洋，到达法国巴黎的飞行家。这项奖金直到18年后，才被美国飞行员林白夺得，因此他获得"孤鹰"的称号。

林白1902年2月4日出生于美国底特律。10岁那年，他第一次见到飞机，就萌发了飞行的愿望。1922年，他终于进入飞行学校，开始学飞行。第二年，他购买了一架寇蒂斯式飞机，正式驾机飞行。

后来，林白参军，从事军用机的飞行训练。和林白一起训练的104人，只有18人毕业，其中就有林白。为此，他获得翼形飞行徽章，并获得"上尉飞行员"的称号。

毕业后，林白开始了航空邮运的飞行。那时，从纽约到旧金山的信件，用火车运要4天时间，而用飞机则只需36小时。林白从事航空邮运事业的经历，为他横越大西洋的飞行打下基础。

1926年，林白通过驾驶邮运飞机，首先认识到从纽约直飞巴黎是可以实现的，因为当时飞机翼型先进、构造轻盈，而且有了先进的辐射式气冷发动机。于是他决心去完成这项飞行的壮举。

林白驾机飞越大西洋

"圣路易斯精神号"飞机

1927年，林白在圣路易斯许多热心人的资助下，向加利福尼亚州圣地亚哥的莱恩公司定制了一架飞机，并将它命名为"圣路易斯精神号"，以表达他对热心资助人的敬意。

在飞机制造期间，林白不仅亲自参与设计，而且开始了飞行的准备。他画出了飞行路线图，拟订了该携带的物品。连飞行中的食品乃至针线、火柴都想到了。

1937年5月19日晨，林白驾驶"圣路易斯精神号"飞机，从纽约寇蒂斯机场起飞，后因雾大当天返回了机场。第二天，飞机再次起飞，向大西洋彼岸飞去。途中，虽然雾浓看不见航线，但因装有磁罗盘，

"圣路易斯精神号"飞机

得以识别方向。在林白勇敢机智的驾驶下，飞机终于飞越大西洋，飞过爱尔兰、英国而到达法国。在巴黎的万家灯火中，他绕艾菲尔铁塔一周后，成功地降落在利勃格特机场。整个飞行时间达33.5小时。

林白在巴黎受到英雄般的欢迎，成了名副其实的"明星"，回国后被授予十字荣誉勋章。他的飞行壮举，为人类飞行史写下了辉煌的一页。

直升机之父西科尔斯基

喜欢看书的少年

西科尔斯基 1889 年 5 月出生于俄国基辅。他从小就和书结下了不解之缘。他特别爱看法国科幻小说家凡尔纳写的科幻小说，《80 天环游地球》、《海底两万里》等作品激起他对航空、航海等探险的兴趣，而对直升机的钟情则来源于他看了意大利著名画家、

西科尔斯基试飞 VS-300 直升机

科学家达·芬奇的作品。达·芬奇曾绘制出了世界上第一张直升机的草图——螺旋翼机。他决心将达·芬奇的设想付诸实践。

西科尔斯基大学毕业之后，在巴黎正好碰上莱特兄弟在欧洲进行飞行表演，在莱特精神的激励下，西科尔斯基宣布了他的惊人计划——制造直升机。

他买来一台 25 马力（18.375 千瓦）的发动机，装在一个带旋翼的框架上制成了最初的直升机。但是，这架直升机因功率不足，未能飞起来。这时，西科尔斯基才 21 岁。

这以后，西科尔斯基曾经转向研制固定翼飞机，而且造出了世界上

第一架重型轰炸机。1919 年，他来到美国，创办了西科尔斯基航空工程公司，并造出了飞艇和水陆两用飞机。然而，西科尔斯基的心思仍在直升机上。1928 年，他终于集中精力研制起直升机来。

S－58 直升机

半百老翁创奇迹

1939 年 5 月 14 日，在美国康涅狄格州西科尔斯基工厂的院子里，停放着一架带有 3 个轮子的"铁架子"，它的样子很像蜻蜓，架子上方装着一副旋翼。一位年过半百的老人坐到"铁架子"上，开动发动机，随着隆隆的响声，"铁架子"终于离开地面，升起几

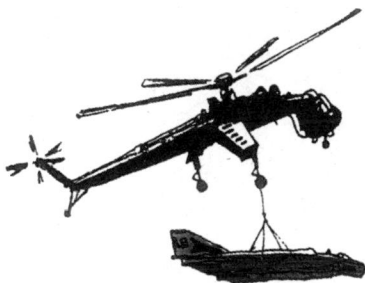

S－64 直升机

英尺（1 英尺＝0.3047 米）高，然后又平安地落了下来。老人十分激动，他终于实现了自己驾机垂直起飞降落的夙愿。这位老人就是西科尔斯基，他驾驶的"铁架子"就是世界上第一架实用的直升机 VS－300。

1940 年，他又驾驶 VS－300 自由飞行，停空时间达 15 分钟。1941 年，停空时间达到 92 分钟，创造了人类航空史上又一伟大壮举。直升机作为一种新型的飞行器，正式进入实用阶段。西科尔斯基以年迈的身躯，亲自试飞，经历多次险境，但他都以惊人的勇气和毅力，完成了试验任务。

此后，西科尔斯基领导他的公司，先后研制出军用和民用直升机数十种，如 S－51、S－56、S－58、S－59、S－61、S－64、S－70 等。其中 S－59 是世界上最早的喷气式直升机，S－61 是由 S－58 改造的喷气直升机，S－64 是起重用直升机。他研制的直升机不仅动力有进步，而材料也有改进，其中 S－56 的

S－64 直升机

旋翼是由铝材制作的，S－70 的旋翼则用的是钛合金和复合材料。

由于西科尔斯基对直升机事业的卓越贡献，所以被誉为"直升机之父"。他于 1972 年去世。去世的前一天，他还在工厂研制直升机，真可以说是为航空事业鞠躬尽瘁啊！

米高扬和米格战斗机

第一架 "米格" 飞机

　　米格战斗机是前苏联著名的作战飞机。它的主要设计者是米高扬。

　　米高扬于 1905 年出生于阿尔明尼亚一个农民家庭。1925 年到莫斯科 "迪纳莫" 工厂当工人，后来参军。1931 年，到茹科夫斯基空军工程学院学习。

　　米高杨在大学学习时，就显露出了设计飞机的才华。他和三位同学设计的 "十月号" 运动飞机采用了新的设计方案，速度达到 130 千米/小时，得到专家的好评。

米高扬

"米格－3" 战斗机

毕业后，米高扬到一家航空工厂工作，他和设计室的设计师古列维奇密切合作，组建了实验设计室，这就是后来名扬世界的米高扬设计局。他们的指导思想是设计"高空高速"战斗机，并以他们两人姓氏的字头"米格"命名。

1940年4月，第一架米格飞机"米格－1"问世。试飞时，飞到7000米高度，速度达652千米/小时，创造了当时的飞行速度记录。可惜的是，这架飞机由于散热器等问题，遭到非议。有位试飞员把散热器比作火锅，把自己比作挨涮的羊肉。尽管这样，"米格－1"这只"丑小鸭"一经修饰，就成了后来闻名的"白天鹅"——"米格"系列战斗机的"始祖"。

"米格－1"战斗机

在成功和挫折中前进

米高扬是一个血气方刚的设计师，他一鼓作气，对"米格－1"进行了反复的修改，推出了他自认的"成功之作"——"米格－3"。

"米格－3"的外形虽然和"米格－1"差不多，但性能大大提高，航程从730千

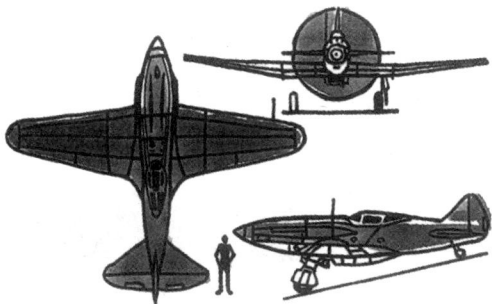

"米格－3"战斗机三面视图

米增到 1250 千米，操纵性、安全性也有改善。这种飞机成了前苏联歼击机的主力。为此，米高扬荣获了红旗勋章。

但是，这种飞机在第二次世界大战中，损失惨重。原因不是出在飞机本身，而是出在发动机上。于是，当时苏联当局下令停止生产这种飞机。

这一决定，对米高扬是一个巨大的打击。但是，米高杨并没有气馁，他决心更换发动机，并采取新的技术来改进飞机。由于他的大胆和智慧，使他手上的蓝图变成一代比一代先进的产品，这就是一系列令人刮目相看的米格型战斗机。

1947 年，第一批后掠式喷气战斗机"米格-15"出厂，此后曾投入朝鲜战场。我志愿军曾用它击落了美国王牌飞机。1952 年，米高扬又研制出超音速战斗机"米格-19"。1965 年，设计出变后掠翼战斗机"米格-23"。1967 年，他设计的超过音速 3 倍的高速战斗机"米格-25"，在航空节中亮相，引起了世界的注目。米高扬的名字和他的"米格"飞机一起，载入了世界航空史册。

波音和他的飞机公司

想建立"航空王国"的人

波音

波音 1881 年出生于美国木材商家庭。大学毕业后，本已继承父业的波音，突然对航空产生了兴趣，并迸发出了建立"航空王国"的理想。这是为什么呢？原来是因为他参观了 1910 年举行的国际航空大赛。当时一位飞行员邀请一位勇敢的观众同自己一起升天，波音自告奋勇出来响应。从此，波音与航空结下了不解之缘，为实现建立"航空王国"的理想而终身努力。

1915 年，波音开始学习驾驶飞机。同时，他和海军军官韦斯特福尔特合作，造出了"波韦号"水上飞机。1916 年，他正式成立制造飞机的"波音飞机公司"。

波音聘请中国留美学生王助任工程师，造出了第一架 C 型水上军用飞机。1920 年，

王助和夫人

波音亲自驾驶 C 型飞机，开创了美国第一条航空邮运线路。1927 年，他又在加州建立了一所航空学校。

第一次世界大战后，波音公司研制成功第一种 B-1 商用水上飞机。1927 年，又生产出了第一种商用陆上飞机波音 40 型。这一年 7 月 1 日，波音航空运输公司开业，开通了从芝加哥到旧金山的长途航线，从而开创了美国航空运输的新时代。

波音 707 客机

名扬全球的波音客机

波音公司成立以来，先后生产了各种型号的军用机和民航机。

第一次世界大战时，波音公司生产的双翼战斗机 P-12 和改进的双翼战斗机 P-9，是当时最成功的战斗机。其后生产的金属型单翼战斗机 P-26 是美国陆军选用的第一种这种类型的飞机。接着，波音公司又生产了 B-9 型轰炸机。

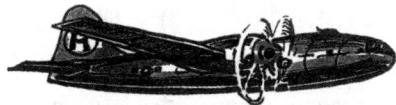

B-29

P-26A

为了表彰波音在航空事业中的卓著成就，1934 年，有关方面曾授予他"古根海姆奖章"。可是，就在这一年，美国政府禁止飞机制造业和使用业合一。波音只好重新改组公司，另成立了联合航空公司。

此时，第二次世界大战爆发。波音公司又致力于大型轰炸机的生产，其中有著名的"空中堡垒"B-17 和"超级空中堡垒"B-29。

波音公司成立后，除了为军方制造各种型号的战斗机、侦察机、轰炸机、运输机和教练机外，还生产了民航机。其中1933年生产的P-247飞机，因为具有流线型机身、下单翼和可收放的起落架，性能优良，成为现代民航机的先锋。

P-9

第二次世界大战以后，波音公司致力于发展现代民航机。这时波音仍担任公司的顾问。1954年，波音公司生产了美国第一架喷气式客机。1956年，波音去世。但波音公司继续发展壮大，成了拥有12万名员工的世界最著名的航空公司之一。1957年，世界上第一种喷气式洲际

波音737客机

旅客机波音707试飞成功。机上设有133个座位，速度为966千米/小时，航程达6300千米。以后，又有新型号的波音737、747、757和767机问世。特别是1976年研制成功的宽机身喷气客机波音747SP，它的客舱分上下两层，最多可乘坐592名乘客。它的速度为985千米/小时，航程可达13500多千米。

1994年，又研制成功巨型喷气客机波音777。这种带双发动机的客机是全部用电脑设计而成的，已于1995年首次交付美国联合航空公司使用。

技 术 篇

　　航空工程的核心是航空技术，航空科学和技术是航空工程发展的基础。本篇将展示航空工程技术的方方面面。

　　从飞行器飞行原理来分，飞行器可以分为轻飞行器和重飞行器两大类。轻飞行器如气球、飞艇是靠空气的静浮力升上天的，重飞行器如滑翔机、飞机、直升机是靠空气的气动力升上天的。

　　重飞行器中，滑翔机是无动力装置的，而飞机和直升机是有动力装置的。

　　飞机靠螺旋桨或喷气产生的推力飞行，而直升机靠旋翼产生的升力飞行。

　　飞机和直升机从用途上看，有军用和民用两大类。现代军用飞机五花八门，其中最引人注目的是战斗机；现代民用飞机形形色色，其中最重要的是民航客机。

　　让我们走进航空工程的各个技术领域去观光，探访其中的奥妙吧！

轻飞行器

会飞的"大头娃娃"

气球是利用空气的浮力飞行的，是一种轻飞行器。它是人类创造的、最简便的飞行器。气球的主体是一个球形或船形大气囊，所以被人戏称为"大头娃娃"。

气囊蒙皮可用纸、麻、丝和合成材料制成，外面套上绳网固定。下面有乘人或载物的吊篮，它通过吊索、框架，连在气囊上。气囊下部有一个接管，叫气筒，用来充气和排气。气囊顶部有个放气活门，可以用带有活塞的绳打开。气球上还有爆炸式排气门，可以用操纵索打开。放气活门和排气门都是为安全而设置的，如当太阳辐射造成气球过度膨胀时，就要紧急使用它们排气。吊篮里装有绳索，供着陆后固定用；里面还装有沙袋，用来调整升降，如扔下沙袋，气球就可上升。为了航行安

带有桨和舵的气球

全，上面还装有各种飞行仪表。

气球填充的气体经历充热气、氢气和氦气三个阶段。1 立方米氢气可提供 1.14 千克的升力；1 立方米氦气只可提供 1.056 千克的升力，热气的升力也比氢气低。由于氢气和热气不安全、氦气价格太高，加上气球的方向没法控制，所以限制了气球的发展。在飞艇出现后，载人气球就逐渐地从天空消失了。

气球的吊篮

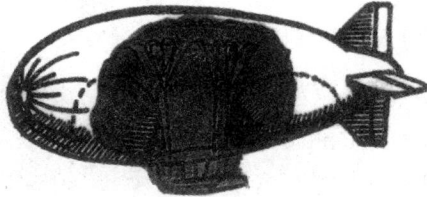

软式飞艇

"空中航空母舰"

早在 18 世纪，就有人在气球上装上桨和舵，操纵气球飞行。这样的气球，还于 1785 年飞过了英吉利海峡。后来人们经过改进和发展，研制出了飞艇。飞艇是一种可操纵航向的轻飞行器，实际上是一种外形像船、装上了动力的气球。由于它体态庞大，所以号称"空中巨人"和"空中航空母舰"。

飞艇分软式和硬式两类。软式飞艇的气囊是个软式袋子，充气后才能保持船式外形。硬式飞艇装有船形金属骨架。世界上第一艘硬式飞艇是德国人齐柏林于 1890 年研制成功

操纵气球横渡英吉利海峡

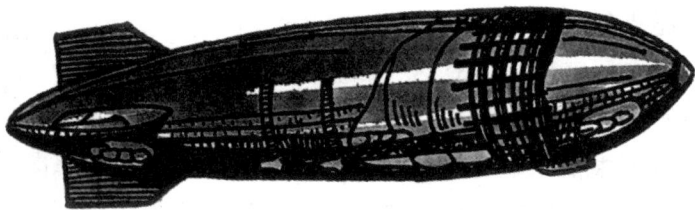

硬式飞艇

的。由于硬式飞艇容积大、载重大，所以很快成为一种实用的空中交通工具。

硬式飞艇将作为气囊的艇身和座舱结合在一起。艇身用金属制成龙骨和桁条，组成一个个隔框，外表蒙上蒙皮。每个隔框中都有气囊可以单独充气，这样，即使一个隔

"兴登堡号"飞艇

框的气囊漏气，整个飞艇也不会有危险。艇身前部有锚泊接头，供停靠用；艇后部有升降舵和方向舵，可以灵活地操纵方向和升降。艇身蒙皮上装有冷凝器，可防止过热膨胀而破裂。艇身下装有螺旋桨和发动机，供给飞艇前进的动力。艇身下部的座舱内除载人、载物外，还装有配重水袋，它和气球上的沙袋作用相同。驾驶舱位于艇身下部的前方。

20世纪20年代，是飞艇的全盛时期。其中英国的R-34飞艇，曾于1919年飞越大西洋。1929年德国的"齐柏林伯爵号"飞艇，曾用20天时间环球一周，飞行35000千米。它共在航线上航行8年，飞行590次，送客13000人，航行170多万千米。德国1936年制造的"兴登堡号"飞艇，充气20万立方米，艇长245米，最大直径约40米，总重206吨，是世界上最大的飞艇。可惜它在1937年一次航行中着火坠毁。从此，载人飞艇开始告别空中航线。

轻飞行器重返天空

　　轻飞行器由于速度低、安全性差和飞行高度低等原因，在飞机这种重飞行器出现后，在航线上基本销声匿迹了。但是，由于轻飞行器具有升力大、消耗燃料少和可以在空中悬停等优点，20世纪70年代以来，随着科学技术的发展，特别是材料和电子技术的进步，使气球和飞艇的安全性、控制性和寿命等方面的问题得以改进和解决，所以轻飞行器开始受到科学家的青睐，又有复出的趋势，而且在工程技术领域日益显示威力。

　　气球首先受到气象部门的重视，因为它可以在高空气象测量上大显身手。1959年，美国曾用100多个气球组合起来，吊起一台大型气象测量仪，升到9000米的高度去进行气象数据测量。20世纪60年代末，世界气象组织制定了一个全球气球行动计划，在世界各地放送了几千个气象探测气球，它们可以通过电子仪器，将探测结果报告给地面站，以便对全球气象作出综合预报。

　　气球在起重作业中，发挥了巨大的作用。可以用气球代替吊车，进行建筑构件的吊运和安装，特别是在深山吊运矿石，优越性大。据计算，用气球吊运矿石，比用吊车更节省费用。70年代，前苏联在达洛

布申氮肥厂施工时，曾用气球把 1 吨重的重物吊到 100 米的高空进行安装。1998 年，我国湖南送变电建设公司曾用多个氢气球吊起输电线，完成广东 50 万伏输电线路跨越北江的工程。

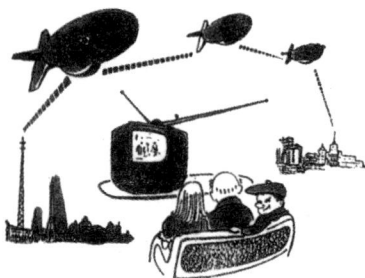

气球还被用来进行无线电通信和代替通信卫星进行电视转播。在气球上携带电视接收机和发射机，用几千米的绳子把它们升到天空，每隔 800 米设置一个，就可以将电视节目传到很远的地方。美国和伊朗在 70 年代就建立了这样的"卫星网"。

此外，气球还被用在风力发电、跳伞运动、人工降雨和广告宣传等许多方面。

由于碳纤维等复合材料的应用，使飞艇也恢复了活力。新型飞艇在吊运和运输等方面发挥了巨大的作用。它不仅可以把重物吊起来，还可以悬停在空中，或将重物运到工地的各个部位。70 年代时，法国设计和制造了一种圆盘形的大飞艇，它的直径有 200 多米，体积有 150 立方米，可以吊起 900 吨重的东西。1972 年美国古德伊尔公司生产的"欧洲号"飞艇，长 58 米，高 18 米，宽 15 米，总重达 6 吨。它全身外部装有 3000 多只彩色灯泡，用来在夜空中作广告宣传。

用飞艇还可以进行特殊抢救任务。1958 年，新英格兰海岸刮了一场大风暴，飞机和轮船都无法行动。最后，用飞艇出色地完成了航程长达 300 千米的海上抢救任务。

气球和飞艇在进行多种作业

　　德国齐柏林飞艇技术有限公司在 1997 年，即"兴登堡号"飞艇焚毁的 60 年后，又再设计和制造新的"齐柏林 NT"型飞艇。NT 是新材料的意思，这就表明新飞艇将采用新材料制造。实际上新飞艇采用碳纤维和聚酯纤维等新材料制艇身，充氦气，上面还装有可转向的发动机，使飞艇方便操纵方向。它的大小与波音 747 飞机差不多，有望在 21 世纪上天。

滑翔机

无动力飞行

  滑翔机是一种无动力的飞行器。它的外形像飞机，只是上面没有装发动机。

  大多数滑翔机都有着狭长的机翼，向机身两侧平伸着。它的机身则呈流线形，以尽量减少空气的阻力。它靠自身重力的向前分力，使飞机前进；利用上升气流和机翼上的升力，支持留空和上升。

初级滑翔机

  由于滑翔机没有动力，所以必须借助外力起飞。它可以从山坡滑行下去，利用下滑动力起飞；也可以靠人力、汽车或机械牵引而起飞。有的滑翔机上也装有发动机，

高级滑翔机

但发动机只提供起飞动力，起飞以后，则关闭动力，然后再借助气流滑翔飞行。

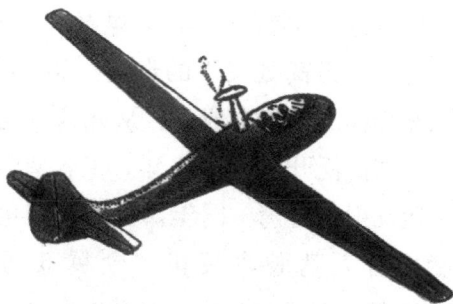

带动力的滑翔机

早期滑翔机的研究，主要是为动力飞行作准备，所以滑翔机是发明飞机的基础。现代滑翔机主要供训练飞行、表演和比赛用。

目前，世界上滑翔机的飞行高度达到 1.5 万米，直线飞行距离达到 2000 千米。滑翔机还创造过许多飞行奇迹。1943 年，德国法西斯头子希特勒曾出动 12 架滑翔机，飞到意大利亚平宁山中，救出意大利法西斯头子墨索里尼。不过，后来墨索里尼仍被游击队捕获，绞死在罗马米兰广场。

勇敢者的运动

现代滑翔机主要用在体育运动中。按性能分初级、中级和高级三种。初级滑翔机主要用来训练飞行。当教练机用时，它上面有双座位，一个座位供教员操作坐，另一座位供学员学习坐。高级滑翔机主要用来表演和进行飞行比赛。表演用滑翔机可以作许多高难度的特技飞行，如盘旋和翻筋斗等。中级滑翔机的性能介于初级和高级滑翔机之间。

1965 年，美国工程师罗加洛发明了一种别开生面的伞翼滑翔机，十分引人注目。它的机翼不是平伸的，而是像降落伞，叫伞翼。伞翼张挂在机架上方，而飞行员悬吊在机架下方，所以称它为悬挂式伞翼滑翔机。

伞翼滑翔机由于滑翔性能好，所以很快用在运动中，飞行员在机外操纵，要有足够的勇气，这次运动被称为"勇敢者的运动"。

1979 年，法国登山队让玛克·布阿文乘伞翼机，从高度为 8611 米的世界第二高峰——乔戈里峰飞下山，创造了从最高处飞下的奇迹。80 年代，国际悬挂滑翔协会成立，从此这一运动在全球广泛开展。1981 年，王容南将这一运动引入台湾。同年，我国北京也研制出有人驾驶伞翼机"伞翼 5 号"。1985 年，王容南代表台湾首次参加伞翼运动世界锦标赛。1988 年，王容南受中华全国体育总会的邀请，在慕田峪长城的最高点乘伞翼机飞下，成为第一个在长城上起飞的中国人。接着，他又来到

滑翔运动

山西北岳恒山，从山顶乘伞翼机飞下，共飞行了 3 小时 35 分钟，打破了奥地利选手在这里创造的 3 小时的飞行时间记录。

飞机的构造

飞机和鸟

鸟是出色的飞行家，人类从鸟的形态得到启示，设计出外形似鸟的飞机。

翅膀
尾巴
鸟身　鸟腿

飞机的机身和鸟的躯体相似，是安置旅客、货物和各种设施的地方。现代大型宽机身客机波音－747SP 可乘 500 名左右的旅客，载重可达 120 吨。

机翼
尾翼

飞机的机翼和鸟的翅膀相似，是为飞机提供升力的部件。机翼越大，升力就越大。美国的银河式 C－5A 运输机，翼展（机翼伸展的长度）达 67 米。

机身　起落架

飞机的尾翼相当于鸟的尾巴，是调节方向和升降的部件。特殊的鸭式飞机的水平尾翼位于机头部位、主机翼前面，以提高高速飞行时的性能。

飞机的起落架相当于鸟的腿和爪，是方便飞机起飞和降落的部件。现代飞机的起落架可以收放，飞行时可收进机体内，以减少飞行阻力。

起落架由支架和轮子组成。美国生产的 B－36 轰炸机起落架轮子直径达 2.54 米。

飞机的发动机相当于鸟的心脏，是为飞机提供动力的部件。美国的"大力神" H－4 军用运输机可乘 700 名士兵，上面共装有 8 台发动机，每台功率为 3000 马力（2205 千瓦）。

此外，飞机上还有许多特种设备。比如仪表，相当于鸟的神经；雷达和通讯设备，相当于鸟的眼睛和耳朵；计算机，相当于鸟的大脑。它们为飞机接收和传递信息，对飞机发出控制指令。现代飞机装有上千种仪表，单是测量方向的仪表就有磁罗盘、陀螺罗盘、无线电罗盘和天文罗盘等。有了它们，飞机可以在恶劣天气和夜里作"盲目"飞行，准确地到达目的地。

早期的飞机是用木和布为主要材料制造的。第一次世界大战之后，飞机结构材料逐步被金属铝合金取代。1964 年，前苏联的米格－25 战斗机，首先采用更耐高温的钛合金。到 20 世纪 70 年代后，先进的复合材料开始用到飞机上。这种材料是以铝合金、钛合金和镍合金为基体，复合高强度和耐高温的增强塑料和玻璃纤维、有机纤维、碳纤维和硼纤维等组成的。估计到 2000 年，战斗机上的复合材料会占一半以上。

飞机的躯体——机身

飞机的机身是支撑飞机的主要部件。

早期的飞机构造比较简陋，机身主要由木架或金属架子组成，上面不能放置重物，更不能乘载人员。

在第一次世界大战中，为了适应作战的需要、保护飞行员的安全、提高飞行速度，机身开始改成封闭式。设计家受鱼体和船体的启发，

早期敞开式机身

经过空气动力实验，发现梭形可以减少迎风面，从而减少阻力，所以将机身制成两头尖的圆筒形。

第二次世界大战后，飞机大都改成喷气式，飞行速度提高了，科学家发现当速度高到接近声音速度时，在机体前方会产生一堵空气墙似的"激波"，阻挡飞机，使飞机飞不快，甚至因振动而失事。为了克服"激波"的影响，科学家发现机体愈尖愈有利。于是，这时的机体更细长、两头更尖了。

第一次世界大战时的舱式机身

在离地面 18 千米以上的同温层，大气温度低、气压低，人难以生存。于是，设计专家将机体改为气密式，里面调节成正常的温度和气压，以便旅客生活。1940 年，世界上第一架气密客舱式高空旅客机"同温层航线"在美国制成。

"黑寡妇"Ｐ－61Ｂ战斗机的双体机身

现代喷气式客机的密封式机身

水上飞机为了适宜在水上起落，所以机体制成船身状，下部呈尖形，这样出水和入水时阻力较小。

一般飞机的机身和机头都是固定在一起的。前苏联生产的图－144和英法两国合作生产的"协和号"超音速民航机，机头和机身之间设计成可转向式。在高空中高速飞行时，机头和机身转成一体式，可减少阻力；在起飞和着陆时，机头转向下面，这样既可降低速度，缩短起飞跑道，又可以方便驾驶员看清跑道。

一般飞机只有一个机身。而历史上曾有过双机身飞机，如美国1945年设计的"黑寡妇"Ｐ－61战斗机，这种飞机的特点是飞行较稳定，但速度较低。1986年，美国迪克兄弟制成了一架三机身的"旅行者号"轻型机，由于三个机身上都可以装油，所以完成了航空史上首次不着陆的环球飞行。

飞机的翅膀——机翼

机翼的剖面像条鱼，上翼面带弯度，下翼面比较平直。这种剖面叫流线型剖面。这种剖面对提高飞机的升力有利。这是为什么呢？瑞士物理学家伯努利在 1783 年，经过实验发现，流体的速度大时，压强小；速度小时，压强大，这就是伯努利定理。对于流线型剖面来说，当气流流过时，在同一时间内，流过上翼面时，因为有弯度，路线长，所以速度快；相反，流过下翼面时，因为路线短，所以速度慢。上面流速大，压强小；下面流速小，压强大。压强是单位面积上的压力，上下有压强差，即有压力差，这样就形成了升力。

早期的飞机装有双翼，升力较大，但很笨重；现代飞机都是单翼，速度快，比较灵活。

机翼装在机身两侧。翼面越大，升力也就越大。一般机翼都是平直地伸在机身两侧，这样迎风面积大，阻力也大，所以速度较低，后来改成向后掠，叫后掠翼。后掠翼迎风面积小，速度较高。这道理就好比我们跑步时，会不自觉地双手前后摆动，

F－111 变后掠翼战斗机

米格－15 后掠翼战斗机

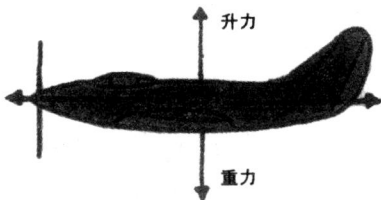

气流流过机翼剖面

而不会双手平直地伸开一样。后来又出现三角翼形，它既向后掠，翼面又大，所以升力大，速度也大。

1947 年，前苏联生产出第一种后掠翼高速战斗机米格－15，它在低空时最大平飞速度可达 1050 千米/小时，是世界上第一代实用型喷气歼击机。美国 1956 年试飞的 F－102 "三角剑"战斗机，是三角翼型，它在低空时最大平飞速度达音速的 1.25 倍。

飞机设计师考虑，为了使飞机在起落时稳定，就要求它速度低一些；而同时又要求它在高空飞行时，速度高一些，这就产生了矛盾。解决的方法就是将飞机机翼设计成向后倾角可以变化的，这样一来，就出现了变后掠翼飞机。这种飞机在起落时，后掠角度小；在高空飞行时，后掠角度可变大。

B－2 飞翼式轰炸机

X 翼机

1967 年，美国第一种可变后掠翼战斗机 F－111 问世，它的机翼向后掠的角度可在 16°到 72.5°间变化。当它起飞时，后掠角度小，速度只有音速的 1.2 倍；当它飞到高空后，后掠角可以变到最大，这时速度可达到音速的 2.2 倍。70 年代美国又研制成功了变后掠翼轰炸机 B－1。前苏联也研制了变后掠翼轰炸机图－22M3。

变后掠翼机的优点是后掠角可以变化，但机构十分复杂。为了克服这一缺

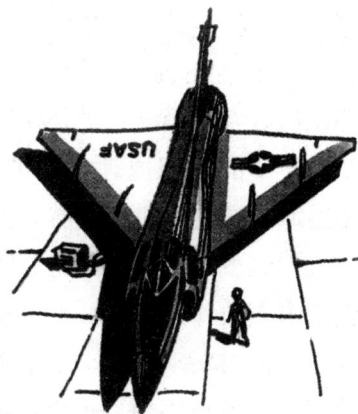

F－102 "三角剑"战斗机

点，近来又设计出一种新型的机翼可变后掠角的 X 翼飞机。这种飞机的机翼呈十字形，像有两对机翼，类似直升机的旋翼，也可以旋转。它在起飞降落时，可以高速旋转，如同直升机升降；但到高空后，机翼转

到一对与机身组成后掠翼、另一对与机身组成前掠翼形状，这样向前飞行时可以达到 1000 千米/小时以上的高速度。

为了减轻机身重量，增加有效载重，曾出现过一种只有机翼没有机身的飞行器——飞翼。美国 1946 年制成当时世界上最大的飞翼——XB－35 轰炸机，翼展达 52 米，可装载 19 吨炸弹。这架飞翼机是用活塞式发动机作动力，以后改用喷气发动机，命名为 YB－49。有一次 YB－49 飞翼机在美国一空军基地试飞时失事，因机长是爱德华，所以后来将这一基地以"爱德华"命名。美国 1988 年亮相的隐身轰炸机 B－2 的外形也很像飞翼。

飞机的翼与起落架

尾翼通常都是装在飞机机身的尾部。它包括垂直尾翼和水平尾翼，其中垂直尾翼装在机尾上面，与机身水平面垂直，它是操纵飞机方向用的；水平尾翼装在机尾两侧，与机身水平面平行，它是操纵飞机升降用的。

尾翼的作用原理和船的舵功能相似。垂直尾翼又叫方向舵，当它向左右转动时，就相当船舵向左右转一样，这时会有气流作用在翼面上，使飞机产生相应向左右转动的力；水平尾翼又叫升降舵，它的作用相当一个操纵上下方向的舵，当它向上下转时，也会有气流作用在翼面上，使飞机得到相应的向上下转动的升降力。

P－38 战斗机的双垂直尾翼

F－14 战斗机的双垂直尾翼

尾翼通过钢索，连接到驾驶舱内。驾驶员可以利用驾驶杆和脚蹬来操纵尾翼转动。操纵垂直尾翼向左向右转动时，飞机则向右向左转弯；操纵水平尾翼向上向下转动时，飞机则向下俯向上仰。

尾翼的安装位置和数目，可以按设计需要来定。比如有的飞机不只有一个垂直尾翼，根据需要可装多个垂直尾翼，如美国生产的 F－14 战斗机机尾很宽，上面安装两个垂直尾翼，可增加改变方向的可靠性。又如有的飞机水平尾翼装在主翼前面，这种飞机外形有点像鸭子，所以叫鸭式飞机。它的水平尾翼又叫小翼。鸭式飞机的特点是适合高速飞行，因为它的尾翼也会产生升力，可以分担主翼的作用，使主翼面积减小些，从而减少阻力，同时起飞距离可以缩短些；另外，小翼位于主翼前面，不会受主翼产生气流的影响，有助于保持飞机的平衡。

瑞典"雷"式战斗机的鸭式小翼

B－25B 轰炸机的双垂直尾翼

有的飞机，水平尾翼不是装在机体上，而是装在垂直尾翼上，如英国生产的"三叉戟"客机。而双机身飞机的水平尾翼则是装在两个机尾之间，如美国生产的 P－38 战斗机和 C－119 运输机。

起落架是供飞机起落时支持飞机用的。一般是在起落架下装上轮子。水上飞机因为是在水面上起落，所以用浮筒或滑板代替轮子。如日本生产的"紫云"11 型水上侦察机，机身和机翼下都有船形浮筒，供着水用。

有的飞机常在雪地上起落，则常常用滑橇来代替起落架，如英法合

起落架

作生产的"山猫"直升机和德国生产的 Me－163B 战斗机都装有滑橇。

"山猫"直升机的滑橇

早期的起落架是固定的，不能收放，它在飞机飞行时也露在外面，使飞机所受的阻力增大，影响飞行速度。

1933 年，前苏联生产了第一架装有可收放起落架的战斗机"伊－16"。此后，起落架都改成了收放式的。这种起落架在飞机飞行时收进

现代客机的可收放式起落架

机体内，不会增加飞机的阻力，但是它结构比较复杂，常常出现着地时放不出来、起飞时收不上去的情况，使飞机发生事故。

现代飞机的起落架不光能收放，而且带有减振装置，使飞机着地时更平稳。有的起落架上带有整流罩，这样即使露在机外，阻力也可以减少。

飞机在空中飞行，会积累许多电荷，使机体带电，如果不在着地时将电荷引到地上，将使下机旅客受电击。为此，现代起落架的轮胎都是用导电橡胶制成的，这样飞机一着地，机上的电荷就会及时释放到地面去。

飞机的"心脏"——发动机

螺旋桨

早期的飞机都是靠螺旋桨产生拉力，拉着飞机前进。螺旋桨的发明则与我国古代发明的风车有关系。

河上的帆船，是靠风力前进。风吹到帆上，帆带动船。风车相当于在一个轴上，斜装着几片帆。风吹在风车上，风车就会旋转。

我国在几千年前，就使用了风车。元朝以来，我国就用风车来打水、舂米和磨面等。在明朝，出现了纸做的风车玩具。

风车在风的吹动下会旋转，反过来，如果用力使风车旋转，则风车会产生一股风。电扇的工作原理就是这样的。飞机螺旋桨就相当电扇的功能，不过，电扇靠电动机带动，而螺旋桨靠活塞式发动机带动。由于螺旋桨的桨叶有一个扭角，所以当它转动时，会推动空中原来静止的空气流动，产生反作用力。这种情景就像轮船的螺旋桨在水中推动水，产生反作用力一样。桨叶的扭角方向不同，推动流体流动的方向也不一样。

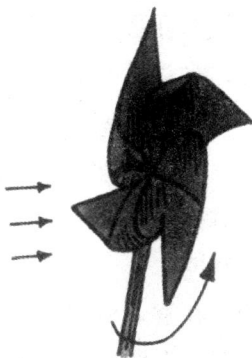

玩具纸风车

飞机装上螺旋桨之后，当螺旋桨转动时，就可以依靠空气的反作用力前进。一般飞机都将螺旋桨装在机头上，反作用力向前，"拉"着飞机向前飞；有的老式飞机则将螺旋桨装在机尾，反作用力也向前，"推"着飞机前进。

飞机螺旋桨

早期飞机的螺旋桨桨叶扭角不能改变，产生的反作用力也不能变化，不能适应飞行速度改变的需要。后来，新式的可变桨叶角螺旋桨出现了，它可以根据需要调整桨叶角，改善了飞行性能。

活塞式发动机

螺旋桨需要发动机来推动，这种发动机就叫螺旋桨式发动机。由于这种发动机实质上是靠活塞推动的，所以准确地说，应该称之为活塞式发动机。

活塞式发动机是怎样旋转的呢？我们来看看玩具水枪。水枪由竹筒和活塞杆组成，把它放在水中，抽出活塞杆，水就吸进筒内；压入活塞杆，水就射出去。自行车用的打气筒，其作用原理也和水枪差不多。

飞机活塞式发动机的工作原理和水枪、打气筒差不多，活塞式发动机里也有活塞，不过推动活塞运动的不是人的手，而是燃烧的气体。

在发动机里，有许多气缸，气缸里装着活塞。当燃油在汽缸里燃烧时，产生一股压力很大的燃气，燃气会推动活塞运动。

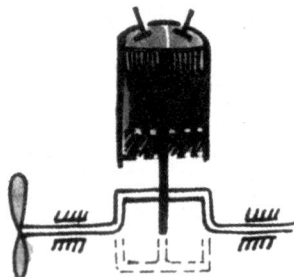

活塞式发动机工作原理

在活塞杆的下面，连着曲柄，曲柄上装着螺旋桨。当活塞杆运动时，带动曲柄旋转，曲柄又带动螺旋桨旋转。为了增加推力，往往要用许多气缸来工作，气缸组成星形，这种发动机就叫星形活塞式发动机。

早期的飞机基本上都是采用这种动力装置，它的特点是经济、寿命长、便于维修，但是它在高速飞行时会遇到麻烦。当飞行速度接近音速时，会产生极大的阻力，空气动力学家称这为"音障"。因此，螺旋桨飞机不能克服高速飞行带来的困难。从第二次世界

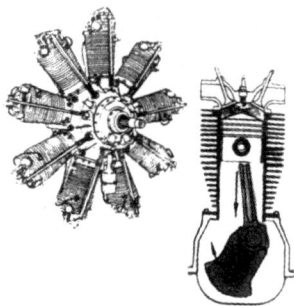

星形活塞式发动机结构图

玩具水枪

大战以来，一种新型动力——喷气式发动机开始出现，它使飞机突破了"音障"，因而逐渐取代了活塞式发动机。

喷气发动机

人们早就从对大自然的观察中，认识到了喷气推动的原理。大海里的墨斗鱼向身后喷出一股墨汁，就会得到一个反作用力而使自己向前进。

我们可以做一个简单的实验，就可以了解到喷气推进的效果。将一

个气球用打气筒打足气之后，用手捏住进气口。当放开手时，气球里的气就会从进气口喷出来。这时，就会有一个反作用力推动气球飞向前。

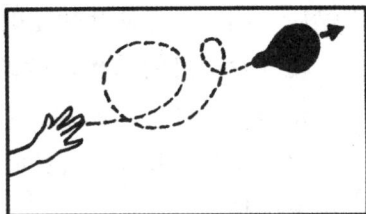
喷气小实验

世界上最早的喷气推进机出现在公元前 120 年的古希腊。当时一名叫赫罗的科学家发明了一种蒸汽喷射转动机，它由一个水锅和一个装有喷嘴的金属球组成。水锅里的水受热后，变成蒸汽。蒸汽进到球里，从喷嘴里喷出来，推动球旋转。据说，这种装置是用来推动庙门的。

1928 年，英国科学家惠特尔提出用燃气涡轮机的喷气去推动飞机，并且提出涡轮喷气发动机的设计思想。

古希腊喷转机

1937 年，他的第一台喷气发动机样机试制成功。

走马灯

喷气式发动机和活塞式发动机都要靠燃气来工作，不过活塞式发动机的燃气推动螺旋桨旋转；而喷气式发动机的燃气直接喷出，靠反作用力推动飞机前进。

为了使喷出的燃气有力量，就得给被燃烧的空气加压力。要加压力就得有压气机。压气机必须旋转才能产生压力，而为了推动压气机旋转，就在发动机上安了涡轮。所以，一般都将喷气式发动机叫作涡轮喷气发动机。

提起涡轮，它的工作原理竟与我国古老的玩具走马灯差不多。走马灯里有一个轮架。上面装着纸人纸马和一个叶片轮。当灯里的蜡烛点燃后，燃气会推动叶片轮旋转，于是带动纸人纸马旋转。

喷气发动机的结构，就像一只躺着的走马灯。它里面有一个燃烧室，相当走马灯里的蜡烛。它也有一个轮架，轮架上装有涡轮和压气机，涡轮的作用和走马灯的叶片轮作用一样，压气机则相当于走马灯里的纸人纸马了。

涡轮发动机和走马灯不同的地方是，走马灯的燃气只带动纸人纸马转动，剩余的燃气散发到了空中；而涡轮发动机的燃气带动涡轮，涡轮带动压气机，使燃气加压。加压后的燃气以巨大的力量喷射出去，从而推动飞机前进。

喷气发动机发明者惠特尔

1998 年，外国一家电视台在评选本世纪十大发明家时，惠特尔名列其中之一。提起惠特尔发明喷气发动机的经过，还有一段曲折哩。惠特尔是英国皇家空军的青年军官，他于 1928 年提出喷气发动机设想时，竟遭到空军首脑的否定。后来，惠特尔把这个发明专利提交英国专利局，终于得到批准。但是，因为没有工厂生产，专利 1935 年到期失效了。而在 1936 年，德国人奥海因也在试验喷气发动机，他于 1939 年研制出喷气发动机，并投入应用。而英国到 1939 年才同意研制惠特尔设计的喷气发动机，到 1941 年才制出了英国第一台喷气发动机用在飞机上，落到了德国的后面。不过，1948 年，英国终于承认了惠特尔的功绩，授予他勋章和奖金。

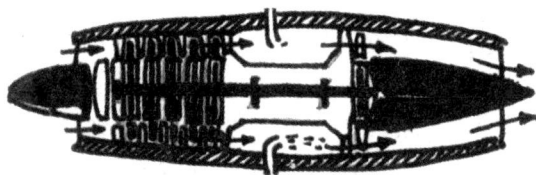

喷气发动机工作原理

喷气发动机的演进

涡轮喷气发动机不断进步，至今经历了四代：离心式涡轮喷气发动机、轴流式涡轮喷气发动机、涡轮螺旋桨发动机和涡轮风扇发动机。

最早出现的是离心式涡轮喷气发动机。它的压气装置是一个简单的叶轮，靠它转动的离心力来提高进气的压力。它结构简单、制造方便，但增压不大，不能适应高速飞行。20 世纪 50 年代之前的喷气式飞机，都采用这种发动机，如德国制造的世界第一架喷气式飞机 He－178、美国的喷气式战斗机 P－59 和前苏联的喷气式战斗机米格－9 等。

离心式涡轮喷气发动机

He－178 喷气式飞机

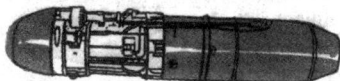

轴流式涡轮喷气发动机是 50 年代喷气式飞机广泛使用的发动机。它的压气装置改由一长串的风扇组成，压出的气体从轴周围流过。它增压大，使飞机

轴流式涡轮喷气发动机

速度大大提高，于是使喷气式飞机进入了新一代。这一代喷气式飞机的典型机种有前苏联的米格－15 和美国的 F－86。

喷气式飞机在速度等许多方面都优于螺旋桨式飞机，但是它在燃油消耗上十分惊人，大大超过了螺旋桨式飞机。螺旋桨式飞机虽然速度低一些，但耗油量只有同等推力的喷气式飞机的十分之一。这样，就出现了一种将螺旋桨和涡轮结合在一起的发动机。结合的方法有两种：一

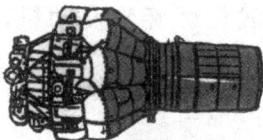

F－86 战斗机

是将涡轮发动机轴加长，伸到机体外，在外面加一个螺旋桨，这就是作为第三代的涡轮螺旋桨发动机；二是将螺旋桨缩到机体内，这种螺旋桨较小，像风扇似地与发动机融为一体，不露出机外，这就是作为第四代的涡轮风扇发动机。

涡轮螺旋桨喷气发动机

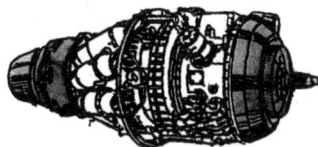

涡轮螺旋桨发动机耗油较少，但速度也较小，一般都用在稍低于音速的喷气式飞机上。如 1990 年英国试航的"子爵号"飞机、美国的 C－130 运输机和前苏联的安－22 运输机等。由于螺旋桨露在机外，增加阻力，限制了速度的提高，所以很快被新一代涡轮风扇发动机所取代。

"子爵号"客机

涡轮风扇发动机进气量大、推力也大，而且耗油量小、噪音小，所以它成为现代飞机广泛使用的动力装置。如美国的 C－5、DC－10 运输机、波音 707 等客机，前苏联伊尔－76、图－134 客机，英国的"三叉戟"客机等，都采用这种发动机。

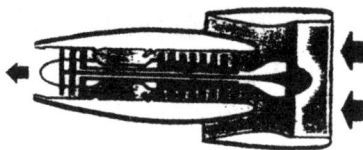

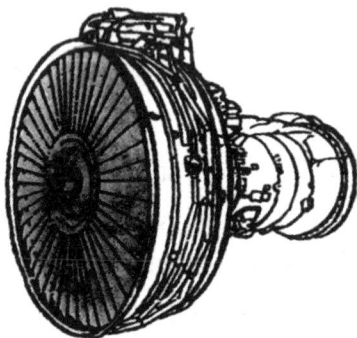

涡轮风扇喷气发动机

"三叉戟"客机

火箭发动机

早在公元 1621 年，我国明代古书《武备志》中，就记载着一种叫"神火飞鸦"的飞行器。它的外形像只乌鸦，身上插着几支火药箭，点燃后，就可以飞到空中去。这种飞行器的动力来自于火药箭。南宋末年，我国就有了火药箭。明朝戚继光曾用火药箭抗击倭寇。

神火飞鸦

火药箭是靠燃烧火药，喷出气体而前进的，它是我国发明的一种最古老的飞行器的动力。科学家利用火箭原理，设计出了火箭发动机。它和涡轮喷气发动机一样，也靠喷气得到推力，但不同的是，它不从空中吸取氧气助燃，而是自身携带氧化剂和燃料，所以它可以在没有空气的大气层外工作。

X－1 火箭飞机

X－15 火箭飞机

火箭发动机的燃料分液体和固体燃料两种，现代大都用在航天飞行器上。火箭发动机也曾用在飞机上，作为

"多尼尔"DO－10 号水上飞机

古代的火药箭

试验机用。美国贝尔公司生产的 X－1 火箭飞机，只有 9.45 米长，像颗子弹。它装有 4 台火箭发动机，1947 年，美国曾用 B－29 轰炸机将它带上天，然后由飞行

员驾驶它从 B-29 上飞出,一举突破了音速。1959 年,美国另一架火箭飞机 X-15,由 B-52 轰炸机投放出去,创造了飞行速度为音速 6.72 倍的最高记录。但是,火箭飞机因为发动机工作时间很短,所以没有太多的实用价值。

多发动机的飞机

由于单台发动机的功率有限,所以一般大型飞机都装有多台发动机。小型飞机都用单台发动机,为了保持飞机的平衡,发动机装在机身或机首的中心轴线上。大型飞机,尤其是民航客机,考虑安全和增加载重,多采用两台以上的发动机。这些发动机一般都是对称地安装在机翼下,以便于地面维修。民航客机为了减少噪声对旅客舱的影响,所以发动机大都装在远离客舱的机身尾部。

1930 年,德国造了一架重达 56 吨的水上旅客机"多尼尔"DO-10 号。它的机翼上方对称装着 6 台发动机。美国在第二次世界大战时,曾生产一种巨型运输机"大力神"H-4,这架飞机是木质的,高 9.15 米,相当三层楼高,机翼翼展为 97.6 米,比波音-747 客机还宽。机翼上一字排开装着 8 台发动机,每台功率为 3000 马力(2205 千瓦)。它可以载士兵 700 名。现在这架飞机还停在美国长滩海边供人们参观。

"大力神"H-4 巨型运输机

飞机的"大脑"——计算机

飞机要飞得好，除了要有健壮的"肌体"外，还得有健全的"灵魂"，这就是发号施令的"大脑"和传达命令的"神经"系统。

早期飞机主要靠飞行员的大脑来完成导航等任务。飞行员用肉眼识别地面目标，或借助地图，通过自己的脑子来识别航线。后来，装置了磁罗盘、高度

令人眼花缭乱的驾驶舱仪表

表、速度表等航空仪表，来代替肉眼识别航线，这就扩展了飞行员的视野。传达和执行命令的操纵系统是飞机的"神经"。早期的飞机是用机械装置来完成操纵任务的。飞行员操纵驾驶杆、脚蹬、拉杆、摇臂等部件，操纵机翼的副翼、垂直尾翼的方向舵和水平尾翼的升降舵等，来改变飞机的状态，完成导航任务。

现代飞机则普遍采用高新科技加以武装，逐步实现了电子化、自动化。先进的电子计算机代替了飞行员的大脑；电传操纵系统代替机械传动系统，使"神经"更加灵敏；电子通讯系统给飞机一副"顺风耳"；目标探测设备和雷达，给飞机一副透视眼、"千里眼"；自动驾驶仪则可以完全取代驾驶员，实现"无人驾驶"……

航空仪表越来越多，曾为飞行员扩展了目光，但数以千计的仪表和指示灯也令飞行员眼花缭乱。20世纪80年代以来，研制出电子仪表系统，用少数仪表和指示灯就可以代替众多的直读式仪表，直接显示全部目标信息，大大减轻了飞行员的负担。这种号称"玻璃座舱"的电子仪表已经在波音747-200、MD-11和A320民航机上使用。90年代后期，由于先进的数字化技术应用到仪表板上，使驾驶员的操作更加

简捷。

电传操纵系统就是用电子线路取代机械传动装置，使操纵轻巧而准确。在"协和号"超音速客机、波音 757、波音 767和 A320 民航机上，首先采用了电传系统来操纵机翼上的襟翼和扰流板等；1988年，A320 民航机第一次全面采用电传操纵系统，使客机更新换代。

机内有线通信设备早已代替了人工喊话，而无线通信设备则使飞机和外界联络变得极其便捷。航空电台可以直接收听地面电台和其他飞机上电台的呼叫。敌我识别器可以通过密码分辨敌机和我机。光导纤维也开始用于机上通讯线路了。1981年，美国 AV－8B 战斗机就用这种电路来传送战斗信息。

飞机的电子仪表系统
（一字排开的 6 个正方形显示屏显示飞机导航飞行状态、发动机工作、气象等情况）

目标探测设备可以通过电磁波、红外线、激光和超声波等，探测各种目标，如用超声波探测仪"声纳"装置探测水下目标、用红外线探测仪探测对方导弹、用激光探测目标距离等。而机载雷达的应用，则可以完成定位和目标探测等各种任务。美国 F－14 战斗机上装置的火控雷达，可以同时跟踪 24 个目标，指挥机上导弹同时攻击 6 个目标。

"幻影"式战斗机上的激光测距仪

机上自动导航仪的种类也越来越多，有应用陀螺导航的惯性导航仪、应用无线电波导航的无线电导航仪和多普勒导航仪，以及应用天文和人造卫星导航的天文导航仪和卫星导航系统等。

实现飞机自动化的关键是电

子计算机的应用。在上述装置中，越来越多地应用了电子计算机代替人脑计算，使操纵自动化程度越来越高。而完全用电脑控制的无人驾驶飞机也早已出现。1998年，一架美国制造的"莱玛"无人驾驶飞机成功地飞越了大西洋。

利用先进数学化技术制成的仪表板，使操作更加简捷

空中格斗者——战斗机

军用飞机，顾名思义是作军事用途的飞机。军用飞机一般分两大类：一类是直接参加作战的飞机，叫"作战飞机"；另一类是间接参加作战的飞机。"作战飞机"包括战斗机、轰炸机和攻击机等；而侦察机、预警机、运输机、加油机等是间接为作战服务的，一般不称为"作战飞机"。

"福克"式战斗机

作战飞机中的主要机种是战斗机。战斗机主要是在空中对敌机或敌方巡航导弹作战的，有的也具有一定的对地攻击能力。

战斗机在第二次世界大战时，称作"驱逐机"，目前国外通称"战斗机"，而我国则通称"歼击机"。

"零式"战斗机

原始的战斗机出现在第一次世界大战中。1914年10月，法国在一架"瓦赞"双翼机上装上机枪，飞行员用它击落德国一架"阿维亚蒂克"双翼侦察

"喷火"战斗机

P-51战斗机

机。第一架专门设计的战斗机是德国1915年制造的"福克E"，机上安装了机枪和机枪协调器，使子弹不会打坏螺旋桨桨叶。这种协调器被广泛用在螺旋桨式战斗机上。螺旋桨式战斗机的典型机

"瓦赞"机打落"阿维亚蒂克"侦察机

种有英国的"喷火"、美国的 P－51、前苏联的"拉 5"、德国的 Me－262 和日本的"零"式等。

第二次世界大战后，战斗机普遍改为喷气式，如前苏联的米格－15、英国的"游星"和美国的 F－84 等。战后，由于科技进步，战斗机经历了一代又一代的更新。20世纪50年代，超音速喷气式战斗机问世。其中第一架超音速战斗机是美国的 F－100，最大平飞速度为 1325 千米/小时。不久，前苏联也生产出了米格－19 超音速战斗机。这些是超音速战斗机的第一代。这一代战斗机的作战特点是采用尾追敌机的方式进行攻击。由于电子技术的发展，不久就出现了新一代可在夜间战斗的全天候战斗机，如美国的 F－4 和前苏联的米格－21 等。这一代战斗机的战斗特点是可以进行中距拦截。到 20 世纪 60 年代，超音速战斗机进入了第三代。这一代战斗机的代表机种是美国的 F－15、前苏联的米格－25、29、31 和法国的"幻影" 2000 等。这一代战斗机的性能是机动性特别好，作战特点是可以进行对下射击。在 90 年代初的海湾战争中，主力战斗机就是 F－15。这种战斗机机身小巧，翼展 13.06 米，机长 19.43 米，机高 5.63 米，但功率大，

米格－15战斗机

米格－19战斗机

米格－21战斗机

F－100C战斗机

"拉5"战斗机

装有两台推力72.5千牛的涡轮风扇发动机，最大起飞重量为30845千克，最大平飞速度为音速的2.5倍。它的火力强，装有一门20毫米机炮，可携带4枚"响尾蛇"导弹和4枚"麻雀"导弹。

从20世纪80年代开始，美国等国开始研制第四代超音速战斗机。这一代战斗机的特点是有隐身性能，在中低空飞行时也可达到超音速，机动性更好。正在研制中的机型有美国的YF－22和俄罗斯的苏－35、苏－37，预计它们将成为21世纪初的主力战斗机。

超音速战斗机的机翼

超音速战斗机的机翼特点是向后掠，就像游泳运动员下水的姿势。这种机翼阻力小，适应高速飞行。但是，这种机翼翼面较小，产生升力相应小。于是，又出现了一种三角形翼战斗机，如美国的F－102和法国的"超幻影"4000等。这种机翼既保持向后掠，又保持了大的翼面，所以升力和速度都较大。不过，机翼向后掠也有一个缺点，就是起飞和着陆速度很高，这就需要滑跑很长的距离，占用很长的跑道。为了解决这一矛盾，于20世纪60年代研制出了一种可变后掠角机翼。这种机翼在飞机高速飞行时，向后掠；而在起飞和降落时，变成平直姿势，以增大阻力，便于快速起落。美国的F－14、F－111，俄罗斯的米格－23和英、德、意合制的"狂风"，就是超音速可变后掠翼战斗机。

米格－23战斗机　　　米格－25战斗机　　　"狂风"战斗机

F-84 战斗机

"超幻影" 4000 战斗机

"流星" 战斗机

Me-262 战斗机

F-14 战斗机

超音速战斗机的火力

战斗机的作战武器是战斗威力的体现。现代战斗机装备的武器越来越先进。主力是机关炮和空对空导弹。机关炮的口径达 30 毫米，每门炮每分钟可发射 1500 发炮弹。导弹的火力和炮弹差不多，但是导弹由于有先进的火控系统，可以自动寻找目标，所以准确性好；另外，导弹发射时还可以获得一个附加的动力，使飞机飞得更远。此外，先进的战斗机除装备有对空火力外，还装备有对地火力，如炸弹、凝固汽油弹、集束炸弹、激光制导炸弹和核弹等。在海湾战争中，充分显示了战斗机的速度和火力的威力。1991 年 1 月 17 日，美国 F-15 战斗机和伊拉克空军使用的法国 "幻影" F-1 战斗机遭遇，虽然双方机上都装有空对

"米格-31" 战斗机

空导弹,但是 F－15 速度比"幻影"F－1快,而且 F－15 装的"麻雀"导弹可达到 4倍音速并用雷达制导,因此在空战中,"幻影"被"麻雀"一举击落。

1999 年 3～6 月北约在对南联盟空袭中,出动的主要战斗机有:F－14(号称"大雄猫")、F－16(号称"隼式")、"幻影"2000、"幻影"2000－5 等战斗机,以及"旋风"式变后掠翼战斗机、AV－8B 垂直起落战斗机、"鹞"式垂直起降战斗机、F－117A 隐身战斗机等,形成了强大的空中优势。

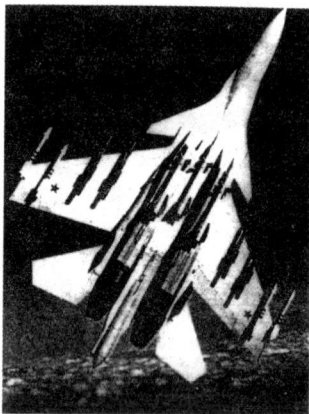

俄罗斯苏－35 战斗机

我国的喷气战斗机

解放后,我国先后研制成功了喷气战斗机歼－5、超音速喷气战斗机歼－6 和三角翼超音速战斗机歼－7 和歼－8。其中歼－8ⅡM 在 1996 年珠海航展中亮相,由于它性能优良,具有高空高速、多用途、全天候特点,被誉为"空中美男子"。

YF－22 战斗机

中国歼－8Ⅱ战斗机

在空中"下铁蛋的母鸡"——轰炸机

1911 年，意大利飞行员从一架飞机上投下 4 枚炸弹，对土耳其进行轰炸，这是世界上最早的飞机空中轰炸。1914 年，法国在第一次世界大战中正式使用法曼双翼机执行轰炸任务，当时仍是靠手向地面投掷炸弹。

b-57 轰炸机

在战争的刺激下，专用轰炸机出现了。先是德国将侦察机加装炸弹架，改成了第一架轰炸机 C. V. G。此时英国则生产了 F. E. R 短程轰炸机、H. P. O - 400 重型轰炸机、D. H. 4 近程轰炸机和带鱼雷的"布谷鸟"轰炸机。俄国则生产了"伊里·摩罗密茨"四发动机重型轰炸机。在第一次世界大战中，轰炸机占各交战国飞机总数的 15％，各国共投弹 5 万吨，难怪有人说轰炸机是"下铁蛋的母鸡"哩。

"容克"轰炸机

在第二次世界大战中，轰炸机得到更大的发展，占各交战国飞机总数的一半，总投弹量达 500 万吨。

这次大战就是由希特勒用轰炸机轰炸波兰开始的，战争中大量使用的是"容克"JU－87B轰炸机。这时的轰炸机已由双翼改成单翼，结构也改成金属的了。美国生产的 B－10，就是第一架全金属单翼轰炸机。

日本生产的"中岛 97"轰炸攻击机，可以携带炸弹和鱼雷，它曾参加偷袭珍珠港的轰炸。

"兰开斯特"轰炸机

为了适应远距离轰炸的需要，远程轰炸机也在战争中得到发展。英国曾用"兰开斯特－3"远程四发动机轰炸机，参与对柏林的大空袭。

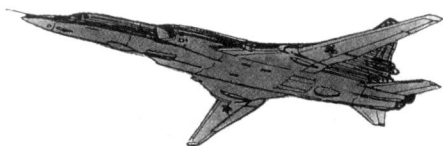

图－22M3 轰炸机

美国生产的 B－29 远程轰炸机，可飞 52000 千米远，载弹量达 9 吨，速度为 576 千米/小时，在第二次世界大战中举世闻名。1945 年 8 月，B－29 曾携带 4.4 吨重的原子弹轰炸广岛、长崎。战后，美国还曾用它背驮着 X－1 火箭飞机，第一次突破音速，克服了"音障"。

美国早期还生产了一种轻型轰炸机 B－57，这种飞机带有自动导航设备，可以进行全天候飞行。

第二次世界大战以后，轰炸机不但向远程、重型方面发展，而且都改成喷气式了，其中最有名的是美国的 B－52 和前苏联的图－22。

B－52 是一种大型战略轰炸机，装有 8 台涡轮喷气发动机，速度为 1010 千米/小时，升限 15200 米，航程 16000 千米，可以装 27 吨炸弹。它身长近 50 米，共分三段。前段是乘员舱，分上下

B－52 轰炸机

两层。正副驾驶员坐上层，领航员和轰炸员坐下层。中段上部是油箱，下部是炸弹舱。后段装着电子设备、照相机和多管炮。它可装常规炸弹，也可以装核炸弹，能挂340千克的炸弹108枚，而且可以在几秒钟内全部投放掉。它轰炸范围可达1500米长、400米宽，弹坑间隔20米，每个弹坑直径7米、深3米。由于它的升限高，所以别号"同温层堡垒"。美国曾用它驮着航天飞机，在地面进行试飞，为航天飞机的发射成功作出了贡献。

图-22轰炸机

B-1轰炸机

60年代，轰炸机也开始超音速了。前苏联生产的图-22是一种超音速轰炸机，升限为18300米，航程为5500千米，可载弹9吨。同时，它还配有空对地导弹，以进行对地攻击。

超音速轰炸机大都采用后掠翼或三角翼，这种机翼适于高速飞行，但不适于低速巡航飞行，为了解决这一矛盾，美国和前苏联在60年代末期开始研制可变后掠翼喷气轰炸机。

美国在"混合战略攻击力量"的思想支配下，于1968年最早研制FB-111A中程变后掠翼战略轰炸机，它是在F-111战斗机的基础上改型而成的。机翼后掠角可在16°至72.5°间变化，最大速度为音速的2.2倍。1974年，美国又研制成了新型超音速变后掠翼轰炸机B-1，用来代替陈旧的B-52和FB-111A。B-1具有高

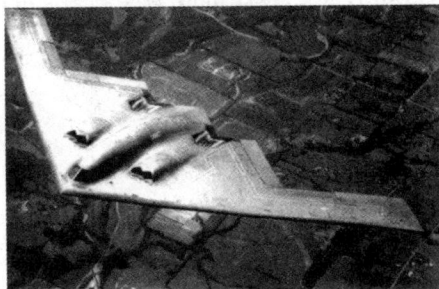

B-2隐身战略轰炸机

PS-5水上轰炸机

低空突破对方防御线的能力，最大速度亦为音速的 2.2 倍，航程为 11000 千米，可载弹 27.2 吨。

前苏联也在 60 年代末研制变后掠翼轰炸机。1973 年，美国侦察卫星发现了这种飞机，并起名"逆火"，而前苏联正式公布的名称为图-22M3，估计是由图-22 中程轰炸机发展而来的。它的速度可达音速的 2.5 倍，可挂导弹和核弹。

我国也已研制出轰-5 型喷气轰炸机和 PS-5 型水上轰炸机。

20 世纪 80 年代后期，美国开始研制带隐身性能的轰炸机。1989 年，美国隐身轰炸机 B-2 试飞，成为当时航空史上最引人注目的新闻。这架轰炸机周身呈灰色，机身长 21.03 米，翼展 52.42 米，机高 5.2 米。它表面涂有吸收雷达波的物质，发动机机尾喷口装有红外线隔滤器，机上还装有电子干扰器，所有机载武器全部隐藏在机身内，使它能逃脱雷达的"目光"。美国五角大楼把 B-2 看做是空中战略核力量的一个重要砝码，以炫耀其空中威力。在 1999 年北约在对南联盟空袭中，首次动用了 6 架 B-2 轰炸机，使其第一次用于实战；B-2、B-1B 和 B-52 轰炸机成为实施轰炸的主力飞机。

攻击地面的"铁鹰"——攻击机

在前苏联的卫国战争中，有一种军用飞机"伊尔－2"曾给德国法西斯军队和坦克以沉重的打击，被德军称为"黑色的死神"。这种军用飞机叫攻击机。

A－5攻击机

攻击机又叫强击机，也是一种作战飞机，不过它与战斗机不同。战斗机是进行空对空作战的，即在空中打击对方的空中目标，而攻击机是进行空对地作战的，即在空中打击对方的地面目标，包括海上目标。

攻击机和轰炸机也不同。轰炸机虽然也是进行空对地作战，但它是从事大面积作战，即从战役上考虑，轰炸纵深范围很广的目标，达到封锁整个战场的目的，而攻击机则像一只空中铁拳，在低空飞行状态下，

A－3攻击机

攻击较小的目标，犹如一只老鹰攻击地上一只小鸡。

由于攻击机具有强行攻击地面目标的特点，所以它必须具有良好的低空飞行性能，良好的迅速起降性能，良好的生存（保护自己）能力（如在要害部位有装甲防护）和良好的攻击武器和装备。它的武器多种多样，除了机炮、空对空导弹外，还带有炸弹、鱼雷和空对地导弹等。

苏－19 攻击机

美国的攻击机都以 A 作为代号。A－1 为第二次世界大战后期设计的螺旋桨攻击机。A－3 是 1956 年服役的攻击机，A－4 是美国 1952 年设计的一种单座舰载攻击机，供海军和海军陆战队使用，绰号叫"空中之鹰"。它可以在航空母舰上升降，机长 13.07 米，翼展 8.38 米，装有机炮、火箭、炸弹和核武器，载弹量可达 4000 千克。这种老式攻击机竟在 1982 年的英阿马岛之战中发挥了作用，阿根廷曾用它击沉英国的驱逐舰。

A－4 "空中之鹰" 攻击机

A－10 "雷电" 攻击机

1958 年，美国又生产出超音速双座攻击机 A－5。它的特点是核攻击力量强，是美国最大和最重的舰载飞机。1960 年，中型舰载攻击机 A－6 问

伊尔－2 攻击机

世，它曾在越南战争中大量使用。以上攻击机都可停载在舰上，为了节省空间，机翼都可以折叠。1970 年美国又研制成功了以坦克为主要攻击目标的单座近距离空中攻击机 A－10。它号称"雷电"，

苏－17 攻击机

有"坦克炸弹"的绰号，据说它在2秒钟内就可击毁一辆坦克。

前苏联著名的攻击机有苏－17、苏－19和苏－25等。苏－17是单座式，苏－19是双座式。苏－25是一种轻型攻击机，它除装有机炮、炸弹和导弹外，还装有榴弹和深水炸弹，载弹重达4500千克。

"美洲豹虎"攻击机

英法于1968年合作研制的"美洲豹虎"，是一种超音速攻击机。这种耗资巨大的飞机装有机炮、空对空和空对地导弹、照相机吊舱和各种炸弹，载炸弹总重量亦为4500千克。在海湾战争中，法国空军派遣了12架"美洲豹虎"攻击机参加多国部队的空中攻击行动。

A－6攻击机

我国也研制出超音速攻击机强－5，它最大飞行速度为音速的1.21倍，正常挂弹量2吨，80年代还向国外出口。

A－1攻击机

空中间谍——侦察机

俗话说："站得高，看得远。"飞机在高空飞，它的视野宽，有得天独厚的侦察条件。因此，飞机一投入战争中，就最先用来执行侦察任务。早在1914年德国就生产了"阿尔巴托斯"双翼侦察机，1915年法国生产了"阳台"侦察机。

U-2侦察机

早期侦察机是用肉眼来侦察的，后来才装上了光学照相机，再后来又采用了红外线照相机和雷达照相机。

侦察机被人们称为"空中间谍"，在战场上为收集军事情报立下了奇功。

在第一次世界大战中，英军在德国埃纳河曾受到德军重大打击。英军首脑下令侦察机到阵地上空侦察，终于发现德军隐蔽的炮兵阵地，回击了德军。在第二次世界大战中，德国在发起进攻前几个月，就派出侦察机，把波兰的重要军事目标侦察得清清楚楚，然后突然进行轰炸，使波兰军队来不及反击。在越南战争中，美国为了切断越南南北运输线，几乎天天用侦察机去侦察沟通南北的"胡志明小道"。

在第一次世界大战中，侦察机大都由双翼改为单翼。由于海上侦察的需要，水上侦察机发展很快。到第二次世界大战时，水上侦察机又发

无人侦察直升机

展成反潜机，即除了能侦察水面水下军事目标外，还可以攻击潜在水下的军事目标。当时，活跃的水上侦察机有美国的 PBY－5A 和"海鹰"等。为了适应水上活动，它们大都具有船形的机身。

在侦察机中，有两种有名的"间谍飞机"，它们就是美国的 U－2 高空侦察机和 SR－71"黑鸟"战略侦察机。

U－2 是美国 1959 年研制出来的，1960 年它被前苏联导弹击落才显露出了真相。U－2 是美国加利福尼亚州一个代号为"臭鼬"的秘密生产基地研制的。它的外形像一架翅膀长长的滑翔机，装有一台喷气发动机，翼展为 24.38 米，机长 15.11 米，总重为 7190 千克，最大速度为音速的 0.8 倍，升限为 27400 米。它的最大特点是飞得高，它在当时创下了飞行高度的世界记录——24000 米。由于高空气压低，所以它使用的是特殊的燃料，使油不至于沸腾气化。它还装有像比目鱼那样的侧视雷达，可以"斜着眼睛"观察边界外的军事目标。它机翼上也装满了油，所以可以连续飞行 6000 千米；没有油时，可以在高空滑翔，所以它可以作高空远距离侦察。由于它全身涂成黑色，所以被人戏称为"黑小姐"。

SR－71 侦察机

　　1974 年，"臭鼬工厂"生产的另一种侦察机 SR－71 在英国航空博览会上露面。它的特点是飞得快和高。它速度为音速的 3 倍，是飞得最快的喷气式飞机，并创下了 25929 米高的飞行高度新纪录。它装有先进的电子侦察设备，在 1 小时内可侦察 15 万平方千米的地球表面。因此，它不必飞到对方国土上方，就可以侦察到对方的军事情报。比如，它曾发现古巴阵地上的前苏联战斗旅，还拍过一些国家进行核试验的照片。1973 年，它曾从美国直飞以色列，去侦察那里的核导弹布置情况。后来，它被以色列"鬼怪"战斗机追击，由于它飞得快，得以逃脱。

　　由于直升机有许多特殊的优点，所以也出现了侦察用的直升机。为了避免侦察机飞行员的伤亡，还出现了无人侦察直升机。

海空捉"鳖"的猎手——反潜机

反潜机实际上是水上侦察机和空对地（包括水面）强击机的结合体。它既有多种侦察水下目标的装置，又有各种攻击水下目标的武器。不过，它攻击的主要目标是潜水艇。

S-2反潜机

潜水艇在第一次世界大战中就已诞生，到第二次世界大战则得到很大的发展。希特勒曾采用潜艇成群作战，并号称为"狼群战术"，使同盟国水面舰船损失惨重。为此，英美等国加紧研究了对付潜艇的办法，并研制出反潜机。据统计，在第二次世界大战中，德国有375艘潜艇是被反潜机击毁的，占总击毁潜艇的一半。

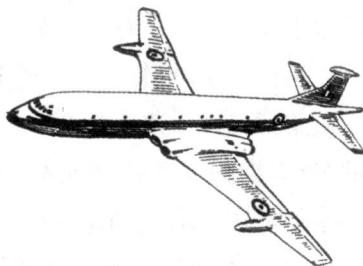

"猎迷"反潜机

反潜机的侦察装置，除了有可以发现水面目标的光学照相机和雷达等光学和电子设备外，还有可以专门发现水下目标的装置。其中一种是通过声音来探测目标的声纳；另一种是通过磁场来探测目标的磁探测器。此外，还有通过红外线和废气来探测目标的红外探测器和废气探测仪等。

PS－1反潜机

反潜机因为需要具有强击本领，所以上面还装有攻击潜艇的深水炸弹、鱼雷、火箭和导弹等。

反潜机有三种类型。一种是从陆地起飞的岸基反潜机，一种是可以在水面起落

P－3反潜机

"山猫"反潜直升机

的水上反潜机，还有一种是可以在航空母舰上起落的舰载反潜机。

美国1948年装备部队的P－2飞机，是一种岸基反潜机，也是一种螺旋桨式飞机，速度为648千米/小时。1958年，美国用民航机改装成的P－3岸基反潜机，则是一种喷气式飞机，速度为761千米/小时，活动半径可达4075千米。同时，英国也用民航机改装成了"猎迷"反潜机，前苏联则用民航机改装了伊尔－38反潜机，而法国则专门研制了"新大西洋号"反潜机。

日本1971年研制的PS－1，是一种先进的水上反潜飞机。它像一只水鸟，机身呈船形。它可以不断在水上起落，并利用声纳，

S－3A反潜机

可以连续 20 次反复收听声音信号，确定目标后，就用鱼雷、炸弹和导弹攻击目标。

美国 1952 年生产的 S－2 反潜飞机，是一种舰载反潜机。它是螺

P－2 反潜机

旋桨式飞机，速度为 426 千米/小时。20 世纪 70 年代，美国又生产了 S－3A 反潜飞机，以代替 S－2。它是美国第一架装有涡轮风扇发动机的舰载反潜机，上面装有新型反潜综合电子系统，速度达 806 千米/小时。

此外，直升机也参加了反潜行列。英法合制的"山猫"就是一种舰载反潜直升机。美国则研制了一种"海王"反潜舰载直升机。由于直升机可以垂直起落，所以可方便地在舰上装载和起落。

空中"司令部"——预警机

有一种飞机,机身上部装着一个大圆盘,像一只大蘑菇,这就是预警机。

预警机实际上是一种更高明的侦察机。它能提前发现敌方目标,而且可以指挥己方的飞机攻击来犯之敌,所以有人把它称作"空中司令部"。

图－126预警机

预警机"蘑菇"里装的实际是雷达天线。它可以在360°范围内旋转,以搜集四面八方的目标信息。机身内则装有雷达发射机和接收机、敌我识别器和通讯设备等复杂的电子装置,这样它才可具备预警和指挥的功能。

E－2预警机

预警机是第二次世界大战之后才出现的。早期的预警机是用旅客机、运输机或轰炸机改制的。1945年,美国海军在一架鱼雷轰炸机上装上一部雷达,变成一架有预警作用的TBM－3W侦察机。40年代末,美国又对"空中袭击者"号飞机进行改装,将雷达天线伸到机身外,这就是预警机的雏形。

20世纪50年代中期,美国在一架反潜机机身上方,安装了一副天线，制成 E-1 机，这就是最早的预警机。50 年代末期，美国研制成较成熟的 E-2 系列预警机。这种预警机上装有近 5 吨重的电子设备，可以探测 400 千米范围内的目标，可以同时跟踪 300 个目标，可以引导上百架战斗机去攻击目标。1982 年 6 月，以色列曾用这种飞机及时发现叙利亚飞机，从而引导战斗机一举击落叙利亚 81 架战机。

60 年代中期，美国用波音 707 客机改装成了更先进的 E-3A 型预警机。这种新一代的预警机上装有更先进的多普勒雷达，可以监视 50 万平方千米内 600 个目标，能在敌方攻击武器到达前半小时报警，是目前世界上最先进的预警机之

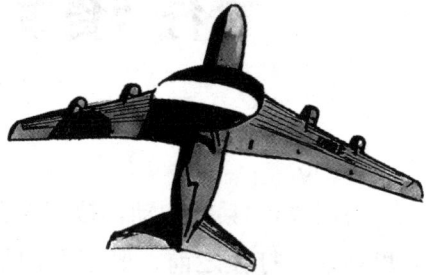

E-3A 预警机

一。这种号称当今世界最昂贵的高科技武装的军用飞机，可以把淹没在山区等复杂地形中的飞行目标从雷达杂波中检测出来。它上面共载20人，是名副其实的"空中指挥中心"。

90 年代，美国又用波音 747 客机改装成更大的预警机 E-4。它上面装有更多的电子设备，还可以在空中加油，上面可乘 94 人，是为应付核战争而设计的。

此外，美国还曾用 C-1 运输机改装成 E-1B 预警机；前苏联曾用图-144 改装成图-126 预警机，并准备将伊尔-76、伊尔-86 运输机改装成更先进的预警机；英国曾用"彗星"式客机改装成"猎迷"AEW·MK3 预警机，并准备将"海王"式直升机改装成"海王"直升预警机。

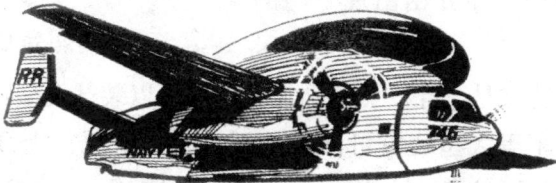

E-1 预警机

飞行"货车"——运输机

俗话说，"兵马未动，粮草先行"，意思是说，打仗之前，要把军用物资和军事人员先运到前线。在地面上，固然可以用汽车、火车来运，在海面上可以用轮船来运，但这些交通工具，在战场上往往不一定有，即使有，也不方便快捷。飞机出现后，人们发现用它运人运货十分神速，因此，军用运输机随着战争的发生而出现了。

C-46 运输机

随着军用运输机的出现，军队中又产生了一个新的军种——空降兵。

早期战争中，为了应急，常常用轰炸机或旅客机来代替运输机。到第二次世界大战时，才开始出现专门的运输机。

C-130 运输机

运输机的特点是"肚皮"特别大，这样可以装载大型物资；机身后有大舱门，战车等大型物资可以直接开进去；机尾往上翘、地板特别低、起落架较矮而且多，这样，往上运东西更方便。

美国道格拉斯飞机工厂早在 1935 年就生产了 DC-3 旅客机，并将其改成运输机，定名为 C - 47。1943
年，又生产了 C - 46 "袭击队" 军用
运输机。这种螺旋桨式运输机载重
16 吨，航程达 1800 千米，在第二次
世界大战中赫赫有名。为了支援我国
抗日战争，这种飞机曾将许多军用物
资，从缅甸运到中国。因为需要飞越
中缅之间的驼形山峰，所以这条航线
被称作 "驼峰" 航线。

DC - 3 运输机

1948 年，美国 C - 119 运输机问
世，这种号称 "飞行车厢" 的飞机机
舱特别宽，有一种开合极方便的蚌壳
式舱门，便于装卸大型物资，飞行十
分平稳。1954 年，美国又生产了一种
涡轮螺旋桨式多用途运输机 C - 130，
这种号称 "大力士" 的飞机起飞重量
可达 70310 千克，可载重 19 吨，载
士兵 92 名。它的机翼上，还可以携带
两架 "火烽" 型无人驾驶飞机。1970
年，美国生产了当时世界上最大的军
用运输机 C - 5A "银河"。这种飞机

安 - 22 运输机

伊尔 - 76 运输机

C - 5A 运输机

装有 4 台推力为 186 千牛的涡轮风扇
发动机，机身长达 75.54 米，有 3 节火车厢长；机身高 19.85 米，有 6
层楼高。它可载重 100 吨，可装 16 辆卡车或 345 名士兵。

前苏联的运输机有 "伊尔" 和 "安" 等型号。伊尔 - 76 是 1971 年
生产的中远程运输机。安 - 12 和安 - 22 分别是中程和远程运输机。
1985 年，前苏联展出了一种当时世界上最大的运输机安 - 124。它载重
为 150 吨，后舱设有折叠式跳板，车辆、坦克可以直接开进飞机。它被

认为是运输机中的"明星"。80年代末，前苏联又研制出了一种更大的运输机安－225。它装有6台涡轮风扇发动机，最大起飞重量达600吨，有效载重可达250吨，成为运输机中的新"明星"。在海湾战争中，美国动用了C－5、C－130等运输机300架，仅战斗头两个月运输周转物

安－225运输机

资重量就达20亿吨，比第二次世界大战当中规模最大的"柏林空运"还多一倍。

安－12运输机

蓝天里的"老师"——教练机

教练机是专门为培养飞机驾驶员而设计的飞机。由于教练机基本上是由战斗机改装的，所以有人称它们为"孪生兄弟"。

MB-339 教练/攻击机

飞机驾驶员培养除了理论教学外，实践非常重要。实践的方式有两种：一种是在地面进行模拟练习；另一种是在空中，由飞行教员带领学员实地练习操作。用作实地教练操作的飞机，就是教练机。

像学校分小学、中学和大学一样，教练机也分初级、中级和高级三种。初级教练机供初学飞行用；高级教练机供学员学习复杂的驾驶技术，进而单飞用；中级教练机的作用介于初、高级之间。

"鹰"式教练机

由于机上有教员和学员，所以教练机上有两个座椅。其排列方式一种是教员和学员并肩而坐的，叫并列式；另一种是学员坐在教员后面，叫纵列式。

早期的教练机大多就直接用战斗机代替，也有用战斗机稍加改装而成的，它们和战斗机唯一的区别是有两个座椅。有的教练机则是用其他飞机改装而成。

1914 年，英国生产了一种阿芙洛"504"教练机。这种早期教练机是一种双翼机，学员坐在教员的后面。1969 年，英国用一种轻型民航机改造而开发了"小斗犬"初级教练机。它是一种并列式教练机，起落架不能收入，是一种活塞式飞机。不久，英国又研制了一种喷气式初中级教练机，起名为"喷气校长"。它也是并列式的，不过采用了联动操纵装置，就更便于教学了。1976 年，英国还生产了一种中高级喷气式教练机"鹰"，采用纵列式。它设备俱全，除了教练功能外，还有攻击能力，以便在特殊情况下投入战斗。另外，它除了可供训练学员学习飞行外，还可以供训

T－38 教练机

国产歼教 7P 型高级歼击教练机

T－2 教练机

F－5 教练/战斗机

练学员学习使用无线电设备和武器，主要供预备飞行员使用。

美国海军 1958 年使用了一种投射式初级教练机 T－2。它是纵列式的，可以用火箭弹射到空中。1968

"小斗犬"教练机

年，美国试飞了一种 T－610 初级喷气式教练机，也是纵列式，速度为 843 千米/小时，升限为 15240 米。同时，美国还生产了一种超音速教练机 T－38，也是纵列式，后座比前座高 0.25 米，

雅克－52 教练机

便于学员观察教员的操作。它的速度达到音速的 1.23 倍。

前苏联有名的教练机是雅克－52，这是一种活塞式初级教练机，1974 年试飞。它为纵列式，速度为 285 千米/小时，升限 6000 米。

我国也生产过一种初教－6 活塞式初级教练机，纵列式，用它为我国培养了许多飞行员。后来又研制了歼 7P 高级教练机。

现代飞行员的教练任务往往用多用途飞机来完成。比如 70 年代法国和英国合作研制的"美洲豹虎"攻击机，就是一种强击/教练机，它兼有强击和教练任务。它有两种机型，一种是单座型，供强击用；另一种是双座型，主要作高级教练机使用。意大利 1979 年投入使用的 MB－339 则是一种教练/攻击机。而美国 F－5 也有兼具教练功用的战斗机型。

带翅膀的加油站——加油机

飞机要飞得远，就得多装油，但又不可能装得太多，油装多了还会影响载重。如果到地面加油，不但麻烦，而且会延误战机。要是挂满炸弹，到地面加油则十分危险。那么，可不可以用飞机在空中加油呢？

KC-135 加油机在加油

1922 年 9 月，美国进行了一次空中加油试验。一架 DH-4 飞机对另一架 DH-4 飞机空中加油成功。DH-4 是一种双翼飞机。从加油机上拉出一根油管，接到受油机油箱上。不过，这次加油试验，竟经过了 21 小时 19 分钟的"并肩"飞行，飞了 3480 千米，

KC-10A 加油机在加油

才加油完毕。1923 年 8 月 27 日，它们之间又成功地进行了第二次加油。

早期，受油机一般都是远程战略轰炸机和洲际飞机。后来，为了增加战术战斗机的航程，也对它采用了空中加油方式。民航机一般都带有足够的油，所以不用空中加油。

最初的加油机大都用大型客机、运输机和轰炸机改装而成。少数战

斗机也加装了加油设备，用来对同类战斗机进行空中加油。

空中加油设备主要有两种：软管式和硬管式。开始是用软管输油，即从加油机油箱上拉出一根输油软管，接到受油机油箱上。但软管常常被活塞式发动机的螺旋桨缠绕而影响加油，而且会造成事故，所以后来改用硬管加油。但是喷气式飞机没有螺旋桨，不存在缠绕问题，所以现代飞机两种加油方式都有。硬管式加油是从加油机尾部伸出一根半刚性加油杆，加油杆近末端处有一个舵面，可以控制加油杆位置，末端装有漏斗，可以直接插到受油机的油箱口上。

F－117隐身机正在接受空中加油

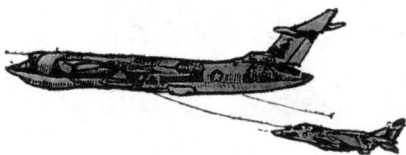

早期的加油机有美国的 KC－135 和前苏联的图－16。KC－135 是20世纪50年代在波音707客机基础上改装而成的，号称"同温层油船"。它一次可供油14万升。B－52轰炸机用它加一次油，可以环球飞行半周。1967年，KC－135 曾进行过"空中三级加油"，即它给两架 A－3

"胜利者"加油机在加油

图－16加油机

加油机加油，同时 A－3 加油机又给两架 F－8 战斗机加油。图－16是由中程轰炸机改装而成的，最大起飞重量为75800千克。

80年代开始，美国用 DC－10运输机改装成了 KC－10新型加油机。这种加油机可以载20.7万升油，是迄今为止最大的加油机。它同时装有硬管式和软管式两套加油系统。其中软管长24.38米，硬管最大伸长达17.78米。

　　加油机被誉为"带翅膀的加油站"，在战争中起了重大作用。1982年马岛战争中，英国出动了"胜利者"加油机，还临时将"火神"轰炸机和C-130运输机改装成加油机，投入战斗，因而使英国的"鹞"式飞机加油后可连续航行9小时，从英国一直飞到阿根廷附近。1989年，美国用KC-10多次对F-117A隐身战斗机加油，使战斗机连续飞

同时给多架飞机加油

行18小时，将激光制导炸弹扔到巴拿马，为此，有人称KC-10为"扩张者"。1999年的空袭南联盟的所谓"盟军"行动中，北约共出动1050余架飞机参战，其中KC-135空中加油机就达234架，足见加油机在现代战争中的重要。

甘心挨打的"靶子"——靶机

地面练习射击，可以用靶子；练习射击空中目标，用什么呢？用空中"活靶子"——靶机。

"火烽"Ⅱ型无人驾驶飞机

最早的空中打靶，是把模型飞机挂在拉线上，用两根支柱系在空中，然后用线拉动模型，供打靶用。后来发展到在飞机尾部拖一个长长的口袋或旗子，这口袋和旗子就当靶子使，叫拖靶。这种靶子既不真实，也不安全，因此产生了遥控靶机的设想。

澳大利亚"金迪维克"MK3B靶机

20世纪初，出现了无线电遥控的飞机模型。30年代，美国、前苏联和英国等国就造出了较先进的无线电遥控飞机模型，并将这种飞机模型改装成靶机，如美国的OQ-19、PQ-8，英国的"蜂后"和前苏联的ПO-2。

为了使练习更加接近实战，在第二次世界大战期间，有的国家研究用真飞机改造成无人驾驶的靶机。美国就研究过将轰炸机改成可遥控的靶机。靶机先由驾驶员驾驶，进入练习打靶的"攻击目标区"前，驾驶员跳伞离机，以后，由另一架飞机遥控它飞行当活靶子。

从 50 年代开始，一些国家研制出了专门的无人驾驶靶机。这些靶机的尺寸一般都比真飞机小一些，但飞行性能却与假想的敌机相当。它一般都是由母机带到空中投放，演习打靶完后用降落伞回收。有的则可以自动放下滑橇自行着陆。它的结构与真飞机近似，由机身、机翼、尾翼、操纵面和动力装置组成。它最重要的设备是自动飞行控制系统和遥控系统，还有中靶和脱靶记录仪，可自动记录打靶效果。

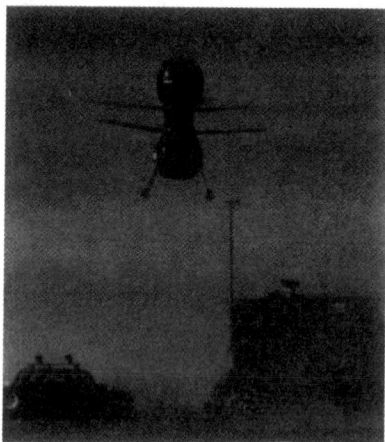

加拿大 CL-227 无人驾驶飞行器

70 年代以来，由于电子仪器的微型化，无人驾驶飞机的发展进入一个新时期，不仅使它作为靶机的性能更加好，而且出现了无人驾驶的侦察机、电子对抗机、攻击机和直升机等。

20 世纪 60 年代以来，各国生产的著名靶机有美国的"火烽"、澳大利亚的"金迪维克"、以色列的"猛犬"等，其中"火烽"是产量最多、性能最好的一种。到 1983 年，仅"火烽"I 型就生产了 6348 架。"火烽"的空军型号为 Q-2A，海军型号为 KDA。它的飞行速度接近音速，可以用于训练

中国"长空 1 号"靶机

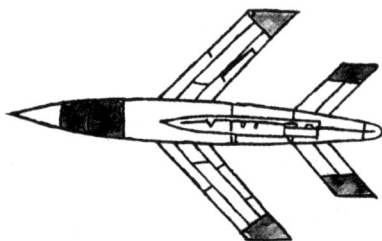

"火烽"I 型无人驾驶飞机

战斗机驾驶员和防空部队，还可以用来鉴定各种空对空、空对地武器系统。

有趣的是，加拿大研究了一种可以垂直起落的靶机，即 CL-227

无人驾驶飞行器。这种靶机外形像颗直立的花生，上部是动力部分，下部装有各种设备。它既可以悬停，也可以水平飞行，是一种理想的"空中靶子"。

我国靶机研制工作也取得了很大成就，其中"长空 1 号"无人驾驶飞机系列中就包括低空靶机、高空机动靶机、中高空靶机和超低空靶机等各个型种，它成功地完成了多次防空武器的打靶试验。

雷达"看不见"的"隐士"——隐身机

有人以为，隐身机是一种肉眼看不见的飞机。这是误解。隐身机不是肉眼看不见，而是一种雷达"看不见"的飞机。

雷达是第二次世界大战时发明的，它为发现对方飞机立下了功劳。雷达向飞机发射电波，电波从飞机上反射回来，飞机就会在雷达屏上现出原形。但为了保护己方飞机不被对方发现，就得想办法迷惑对方的雷达，使电波不能从飞机上反射回来。这种迷惑雷达的飞机就是隐身机。

那么，怎样能达到隐身的目的呢？

一种办法是改进飞机的外形，使它表面非常平滑，机身和机翼融为一体，这样电波就不易反射了。早在20世纪40年代，就出现过一种只有机翼的飞机，叫飞翼，它就具有一定的隐身功能。

B-1B隐身轰炸机

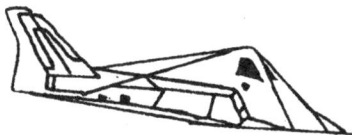
F-117隐身战斗机

B-2隐身轰炸机

1943 年，美国制造了当时世界上最大的飞翼 XB－35；1946 年，又研制出喷气式飞翼 YB－49。它们被认为是第一代隐身机。后来美国研制的隐身飞机外形也是接近机翼和机身合一的。

另一种办法是在机身表面涂上一层能吸收电波的材料，或用非金属材料来制造机体等。

此外还可在飞机发动机上加上防护罩，以免它发出的红外线被雷达接收。

飞机隐身的方法并不神秘，但制造技术很复杂。为了战争需要，许多国家都在秘密研制隐身飞机。

早在 1978 年，美国就在侦察机上使用了隐身技术。1980 年，美国一架侦察机在法国上空要求加油，但法国用雷达未能"看"到它，只好请它降到地面。这时，人们才发现它是具有隐身性能的侦察机"黑鸟"SR－71。

1986 年 7 月，美国市场上出现一种玩具飞机，玩具商打出广告说这是美国最新制造的隐身战斗机模型。当时美国国防部声明予以否认，但是两年后却证实已生产了一种隐身战斗机 F－117，它外形竟与那种玩具飞机相像，由多块小平面组成，呈多角锥体，可以使雷达波的反射减少到最低。

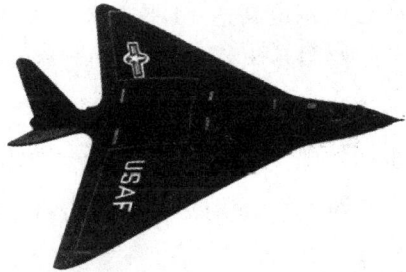
隐身轰炸机

接着，美国又研制了具有良好隐身性能的轰炸机。

美国于 1978 年试飞了一种具有隐身性能的 B－1 可变后掠翼轰炸机。

YB－49 飞翼

1988 年 11 月 28 日，美国新一代隐身轰炸机 B－2 公开亮相，它的外形很像一只飞翼，机身长仅 20.8 米，而机翼展开长达 51.6 米，可在接近音速的情况下飞行。此外，美国还研制了 A - 12 隐身轰炸机。

XB - 35 飞翼

由于隐身技术的成熟，加上现代战争环境的需要，在 20 世纪 80 年代以后，各种军用飞机都在应用隐身技术。除了上面说的侦察机、战斗机和轰炸机外，美国还研制了隐身运输机和隐身直升机等。

1991 年，美国空军宣布研制新一代隐身战斗机 YF - 22，以取代美国正在使用的主力战斗机 F - 15。YF - 22，绰号"猛禽"，采用多种高新科技，其中最突出的就是隐身技术。它采用了多种隐身措施，机体外形圆滑、平整光洁，具有全方位隐身能力。据估算，它对雷达反射的截面积只有 0.1 至 0.5 平方米，而 F - 15 即使经过隐身改造，对雷达反射的截面积也高达 10 平方米。

隐身技术在战场上意味着生存能力强，突袭能力大。在 1991 年的海湾战争中，美国就派出多架隐身战斗机去控制制空权，而未被伊拉克雷达发现。但 1999 年北约空袭南联盟时，一架 F - 117A 隐身战斗机被南联盟 SA - 3 地对空导弹击落，暴露出其隐身技术尚有待完善。

迷惑雷达的"造假者"——电子对抗机

电子对抗机和隐身机一样，都可以欺骗雷达。但是，隐身机是使雷达"看"不见，而电子对抗机是故意制造一个假象，让雷达以假当真。因为它是用电子设备来专门和雷达作对的，所以叫电子对抗机。

电子对抗机是现代电子战的一员主力，从20世纪60年代开始广泛用在各国空军部队中。

电子对抗机的秘密就是在机上设置各种无线电干扰，来对抗对方的雷达。

干扰的手段有两种：一种是消极的干扰，另一种是积极的干扰。

消极干扰是从飞机上撒下许多金属铝箔条。这些箔条只有几微米至几十微米厚、几毫米至几十毫米宽、一米至几米长，撒下后，铺盖成很大的面积。因为铝很易反射雷达波，当对方雷达收到反射波后，就会在

EA-6B电子干扰机

屏幕上产生有大批飞机的假象。这些箔条在空中能停留一个多小时，当敌机明白真相后前来攻击时，撒箔条的飞机早跑掉了。后来又研制出一种可反射电波的玻璃纤维和尼龙丝箔条，停留空中的时间更长，可达几个小时，造成假象的时间更长了。

EF－111A 电子干扰机

积极干扰是在飞机上装上无线电发射机，故意发射一些假信号，使对方雷达以假当真；还有就是发射强烈的干扰信号，使对方雷达受到干扰，"看"不出真相。

电子对抗机除了可以干扰对方的雷达外，还可以干扰对方的电子制导系统和无线电通讯设备。这种电子对抗机又叫电子干扰机。现代电子对抗机的概念又有扩大，它除了单纯对对方进行电子干扰外，还包括对对方进行电子侦察和反击对方的雷达。执行前一种任务的叫电子侦察机，执行后一种任务的叫反雷达飞机。电子侦察机通过电子设备在空中侦察对方地面电磁信息，以

被改装成电子干扰机的雅克－28

被改装成电了干扰机的 F－105G

获取军事情报。美国就生产过 P－2V 电子侦察机。反雷达飞机则是专

门用来攻击对方的防空系统的
雷达和其他电子设备的。

电子干扰机大都是用其他
军用飞机改装而成的。前苏联
曾用图－16H 和雅克－28 轰炸
机改装电子干扰机。美国则用
A－6 攻击机改造成 EA－6B 电
子干扰机，它是将 A－6 攻击
机机身加长，在机身、机翼和

电子对抗机在对雷达进行干扰

机尾都装有干扰天线，机上装有常规干扰系统、欺骗干扰系统、通讯干
扰系统和干扰投放器等。此外，美国还曾用 F－4、F－105、F－16 战
斗机，改造成 F－4G、F－105G、F－16B 反雷达飞机。

70 年代后期，美国又生产了更先进的电子干扰机 EF－111A。这是
一种超音速飞机，速度可达到音速的 2.2 倍，上面装有 3 吨重的电子设
备。为了实现超音速飞行，全部干扰设备都不吊在机体外，而是装在
舱内。

早在第二次世界大战末期，美英联军就在英吉利海峡的多佛尔上
空，用电子干扰机撒下箔条，使德军雷达误认为大批飞机攻来，以致希
特勒上当，将大批军队调往多佛尔，而盟军却出其不意地在法国诺曼底
半岛登陆成功。在 1991 年的海湾战争中，多国部队动用了上百架电子
干扰机，对伊拉克雷达进行干扰，使伊拉克雷达受到"软杀伤"，失去
作用。1999 年空袭南联盟的北约部队，使用了 36 架 EA－6B 电子干扰
机，对轰炸机进行支援保护。

威震海空的"飞鱼"——水上飞机

水上飞机是一种能在水上起飞和降落的飞机，就像一只大飞鱼。

1910年，法国人法布尔就造出了世界上第一架水上飞机。这架飞机机身下装有浮筒，它在水面滑行了300米后起飞，在空中飞行了500米，又安全降到水面上。这一年，我国侨居美国的谭根也造出了水上飞机，并创造了当时水上飞机飞行高度的世界纪录。

1911年，美国寇蒂斯制造了有实用价值的水上飞机，它机身下有船形滑橇，曾创造速度76.9千米/小时的记录。

1913年，俄国飞行员聂斯切洛夫驾驶一架"纽保－Ⅳ"型水上飞机，完成了举世闻名的空中翻筋斗动作。

"母子"式水上飞机

"中国飞剪"号水上飞机

NC－4水上飞机

早期水上飞机主要用在水上运输上。1914年，美国首先用水上飞机开辟了海上客运业务。1919年，美国海军几架 NC-4 型水上飞机，首次飞越了大西洋。1924年，美国陆军航空队4架道格拉斯水上飞机，首次完成环球飞行。20世纪30年代中期，洲际航线大都采用水上飞机。当时美国生产的"中国飞剪"号水上飞机，曾往来于美国至亚洲的航线上，创下10项世界纪录。

随着战争的爆发，水上飞机开始转向军用。早在30年代初期，我国就生产了一种带双浮筒的双翼水上侦察机，它配合"宁海"巡洋舰执行海上侦察任务。1930年，意大利生产了一种双船身式 S-55 水上轰炸机，这种飞机因为飞越南大西洋而出名。40年代末期，英国一度研制过 SR/A1 型喷气式水上战斗机。在第二次世界

"寇蒂斯"式水上飞机

Be-12 水陆两用机

大战中，日本的"埃未利"水上轰炸机曾参加偷袭珍珠港。同一时期美国生产了当时世界上最大的 H-4 水上运输机"大力神"。1938年，美国还生产了一种"母子"式水上运输机，在一架大型水上运输机上驮着一架小型水上飞机。

20世纪30年代至40年代，是水上飞机发展的黄金时期，随后日趋萧条。萧条的原因有两方面：一是水上飞机本身的弱点显露出来，如受波浪影响大，稳定性差；机身必须良好密封，否则要漏水；机身腐蚀严重；水上维

国产"长峰2号"水上飞机

修困难等。二是陆上飞行器发展很快，出现了远程洲际飞机和可在舰上起落的舰载飞机，另外，还出现了气垫船等适宜水上飞行的新型交通工具，它们逐渐取代了水上飞机。

YF－7A 水上战斗机

然而，随着航空技术的发展和航空事业的需要，60 年代以来，水上飞机又有东山再起之势。由于水上飞机具有许多独特的优点：它可以在水上起落，不必修建庞大的机场和跑道；它不必用起落架，这样既节省了飞机重量，又可以利用水这种天然减震材料，实行"软着陆"；它可以造得很大，运输量大；它可以利用得天独厚的水，进行灭火作业，这对森林灭火尤其有效；它在水上

地效飞机

PS－1 水上反潜机

国产 PS－5 水上轰炸机

作战也有许多优势，既可以攻击地面目标，又可以攻击水上和水下目标，因此，水上飞机将朝着军用和特殊用途方面发展。战时，它可以用

来侦察、轰炸、反潜和军事运输;平时,它可以从事森林灭火、海上运输和海上救护等。

　　1964 年,前苏联研制成 Be-12 反潜水陆两用机,航程可达 4000 千米。日本于 1967 年研制了 PS-1 型水上反潜机。这种反潜机抗浪性能好,可以在浪高 3 米的海面起落,飞机上装有先进的声纳等装置,以便及时发现潜艇。日本还生产了一种"紫云"Ⅱ型舰载水上侦察机,它是一种高速水上飞机,速度达 470 千米/小时。它的机身为单浮筒式,两端装有浮筒,帮助飞机平衡。美国生产的水上轰炸机 PBB,可以装弹 9 吨,能够在海上连续飞行 12 小时。美国还生产了一种带三角翼的喷气式水上歼击机 YF-7A,这种飞机机身下装有一种水橇,速度可达 994 千米/小时。美国海军研制的 XPSY-1 水上运输机,可以放出伸缩式跳板,搭到岸上便于进行装卸。我国在轰 5 型飞机的基础上,研制成一种"水轰五"(PS-5)型水上轰炸机。1996 年 12 月,我国"长峰 2 号"超轻型水上飞机试飞成功,其机身重量仅 180 千克,巡航速度可达 60~80 千米/小时。

气垫飞行器

　　20 世纪 50 年代,英国一位科学家用两个大小不同的圆筒套在一起,向环形口内吹气,产生了一个"气垫",把圆筒浮了起来。后来,科学家利用这一原理,研制出了气垫飞行器和气垫船。1958 年,英国制出了世界上第一艘载人气垫船。1978 年,邓小平同志曾在日本乘气垫船从东京渡海到君津钢铁厂参观。从 80 年代开始,我国香港、深圳等地,都使用了气垫船来作为客运工具。

地效飞机

1932 年 5 日，德国水上客机"多尼尔"号在英国南安普敦海面飞行时，突然油路堵塞，飞机不断下坠，眼看就要葬身海底。哪知道，当飞机掉到离海面约 10 米高时，奇迹出现了，飞机不再下掉，而是自动拉平，一场事故莫名其妙地免除了。后来科学家找到了其中的奥秘，原来是地面效应救了这架客机。地面效应是一种物理现象，当飞机降到近地高度时，机身会把下面的空气压缩，形成"气垫"，托起飞机来。后来，许多国家利用这种原理，研制出了地效飞机。前苏联在 60 年代，生产了"里海怪物"地效飞机。1991 年，俄罗斯"小鹰"实用地效飞机公开露面。它可在水面上 3.5 米至 14 米高度飞行，速度可达 556 千米/小时。

以船为家的"海鹰"——舰载飞机

舰载飞机是指能在舰船上起落和装载的飞机。1910年，美国飞行员伊利驾驶一架"寇蒂斯"式双翼机，从"伯明翰"号巡洋舰上起飞成功。后来，他又驾驶这架飞机，平安地降落到"宾夕法尼亚"号战列舰上。这架飞机成了最早实现在舰上起落的飞机。

英国舰载"灰背隼"直升机

专门设计的舰载飞机是随着战争的需要而诞生的。第一次世界大战以来，许多国家的海军装备了飞机。为了方便这些飞机在海上活动，1922年，美国造出了世界上第一艘专门供飞机起落、藏身的舰船——航空母舰。为了适应在航空母舰上活动，各国着手研究专门用于舰载的飞机。1932年，世界上第一架舰载飞机在英国问世。它是一架被命名为"京燕"的双翼战斗机，在"鹰"号航空母舰上起落成功。

现代舰载飞机已经成为海军的一支重要的战斗力量，它主要包括有舰载战斗机、舰载攻击机、舰载反潜机、舰载预警机、舰载侦察机、舰载运输机、舰载电子对抗机、舰载救护机和舰载直升机等。它们可以执行海空、海面及水下各种战斗任务。

由于航空母舰空间有限，所以舰载飞机的特点是占用空间小，多数飞机的机翼都设计成可以折叠的，如美国的舰载战斗机 F－4、F－8、舰载攻击机 A－6、A－7 和舰载预警机 E－2C 等；有的甚至连尾翼和雷达罩也可以折起来，如舰载攻击机 A－5。此外，专门为舰载而设计的直升机和垂直起落式飞机，它们本身就具有占用空间小的特点，如 SH

伊利驾机降落在舰上

美国 E－2C 舰载预警机

－3 反潜直升机、英国"海鹞"垂直起落战斗机。

舰载飞机为了适应在航空母舰上起落，起飞时要借助弹射器，这样可以缩短跑道；着陆时则要放下特殊设计的着陆钩，钩住航空母舰上的拦阻索，以免跑出舰外。此外，舰载飞机为适应海洋环境，机体和设备都采取了防腐措施。

舰载飞机的性能是速度快、机动性好、攻击力强，但是一般载油和载弹量较少，航程较短，这主要是因为它们可以多次在航空母舰上起落加载。

舰载战斗机除了可以攻击空中目标外，还可以为己方的攻击机、轰炸机护航。现代舰载战斗机都是喷气式飞机，其中有 F－1 和全天候的

美国"萨拉托加"号航空母舰与舰载机

F－3战斗机；有超音速的F－8、F－11等战斗机；有可变后掠翼的F－14战斗机等。

舰载攻击机主要用来攻击陆地和水上目标，为己方部队提供援助，如可搭载核弹的重型攻击机A－3、全天候攻击机A－5和A－6、速度达音速两倍的攻击机FA－18等。

A－7舰载攻击机

舰载飞机对反击潜水艇最有利。美国在1954年就在母舰上装备了S－2型螺旋桨式反潜机；1974年开始，装备了S－3A等螺旋桨式反潜机。这种反潜机至今仍是美国反潜的主力之一。

早在第二次世界大战中，日本的

F－1舰载战斗机

"零"式舰载战斗机和美国的"地狱猫"舰载战斗机就很活跃。在1982年的马岛战争和1991年的海湾战争中，舰载飞机都显示了充分的战斗力。战斗中，英国和美国由于远离战场，所以都动用了航空母舰来装运舰载飞机，作为海上作战基地。海湾战争中，美国海军共有4个航空母舰编队到达海湾地区，上面装载的舰载飞机近 400 架，其中有 F－14 舰载战斗机、A－6E 舰载攻击机、E－2C 舰载预警机、SH－3 舰载直升机等。

F－4 舰载战斗机

1999 年，北约为了空袭南联盟出动了"罗斯福"号和"福煦"号航空母舰，其中"罗斯福"号搭载的舰载飞机包括了多种机型，共有 20 架 F－14 "雄猫"战斗机、20 架 F/A－18 "大黄蜂"战斗/攻击机、4 架 EA－6B "徘徊者"电子干扰机、4 架 E－2C "鹰眼"空中预警机、6 架 S－3B "海盗"反潜机、8 架"海鹰"或"海王"直升机。

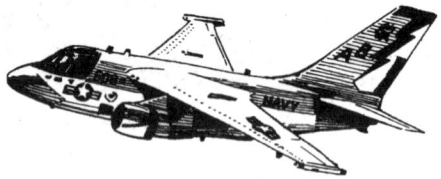

S－3A 舰载反潜机

A－6 舰载攻击机

我国目前还没有航空母舰。但是，我国已经有了自己的可载直升机的舰船和可载战斗机的导弹驱逐舰。我国也已经有了自己的舰载直升机和舰载战斗机。1979 年，我国的舰载直升机首次成功地降落到舰船甲板上。1990 年舰载直升机反潜演练成功。1988 年，舰载战斗机首次在驱逐舰上成功地着舰。1991 年，我军

F－8 舰载战斗机

第一支舰载机部队正式编入海军航空兵序列，揭开了我国海军发展史的新篇章。

直起直落的战"鹰"——"鹞"式飞机

战斗机和强击机速度越来越快，这样作战虽神速，但带来一个麻烦：起飞困难，要求很长的跑道。于是，飞行家开始研制一种能垂直起落的战斗机。

雅克－36垂直起落机

有人会说，直升机不就是能垂直起落的飞行器吗？是的。但直升机飞不快。飞行家要研制的是既能垂直起落，又飞得快的战斗机。

从 20 世纪 40 年代到 60 年代末，许多国家都在研制这样的飞机，并提出许多方案。第一种方案是装上一种可以改变方向的螺旋桨。飞机在起落时，螺旋桨像直升机一样，处在水平面方向；

"鹞"式垂直起落机

正常飞行时，螺旋桨处在垂直方向，如加拿大的 CL－84 飞机。第二种方案是在机身上加装类似直升机那样的升力风扇，以便垂直起落。第三种方案是在飞机上装上一种喷管能旋转的喷气发动机。当喷管处在垂直方向时，可以垂直起落；处在水平方向时，可以水平高速飞行。后来成熟的垂直起落战斗机都采用这种方案，如英国的"鹞"式飞机等和前苏联的雅克－36等。

"鹞"式飞机于1966年首次试飞成功，它装有一台"飞马"推力式涡轮风扇发动机。发动机有两对旋转喷管，可从垂直方向转到水平方向。这样，就可以使飞机垂直起飞，并过渡到水平飞行。

"鹞"式飞机翼展7.7米，机长13.87米，起飞重量达11339千克，最大平飞速度为1186千米/小时。它不需要很长的跑道起落，在一块约35米×35米的空地上就可以起落。它甚至可以在一艘军舰的甲板平台上垂直起落，平台面积只需30.48米×15.24米。

"鹞"式飞机作为战斗机和攻击机，它可以下挂2270千克的炸弹、火箭弹、照明弹和导弹。80年代中期，美国将它加以改进，使它载重和航程翻了一番，可以携带"响尾蛇"空对空导弹，并命名为AV－8B。

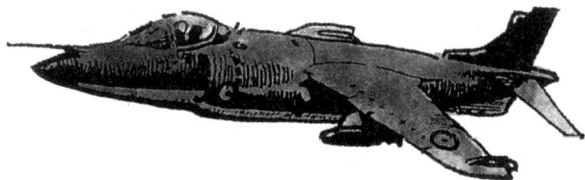

"海鹞"式垂直起落机

"鹞"式飞机由于起落不必依赖固定机场，所以在现代战争中有灵活作战的优点。在1982年的英阿马岛战争中，"鹞"式飞机第一次参战，一举击落阿根廷20架飞机。

前苏联的雅克－36是1967年露面的。它机长17.5米，翼展8.25米，而机翼折叠后只有4.25米长。它的最大航速为1050千米/小时。它有一台喷口可以旋转的主推力发动机和一台辅助的升力发动机。

前苏联在1991年展出过超音速垂直起落飞机的雅克－141模型。据介绍，这是世界上第一种超音速垂直起落机，已在试飞中。它的最大起飞重量为19500千克，最大平飞速度为1800千米/小时。喷气升力比AV－8B大90%。苏联解体后，最新进展情况不明。

90年代以来，美国等国又开始研制新一代垂直起落战斗机。美国于1991年宣布研制超音速垂直降落、短距离起飞攻击机，这种新型飞机将集中F-15、F-18E/F和F-22三种飞机的优点，它起飞滑跑距离只有90米，重达10880千克，估计在2001年批量生产，2010年服役，以取代AV-8B。

AV-8B垂直起落攻击机

沟通五洲四海的"天桥"——旅客机

旅客机的发展

有人说，飞机使世界变小了，因为现代旅客机几乎可以在一天内到达世界上任何一个角落。这话不假。北京到广州，2300 千米的路程，乘火车要 40 多个小时，而乘飞机只需 2 小时。地球赤道约 4 万千米长，乘超音速民航机只需 29 小时就可以环赤道飞行一周。

1914 年，美国开辟了世界上第一条定期民航航线，从佛罗里达州的圣彼得斯堡到坦帕。这两地由于隔着海，陆上距离有 48 千米，而乘飞机直航只有 29 千米的距离，当时使用双翼水上飞机，只需飞 20 分钟就可到达。

1914 年从圣彼得斯堡到坦帕开航

早期旅客机多是用轰炸机改装的，如英国 1919 年改装的 D.H.4A 旅客机。现代民航机经历了螺旋桨式飞机和喷气式飞机两大阶段。

早期螺旋桨式民航机是用军用机改装而成。1919 年，世界上第一架专门设计的旅客机 F－13 在德国诞生。这是一架全金属单翼机，可

以乘坐4位旅客。到1929年,大型
水上客机发展到可以乘坐169位
旅客。

D. H. 4A 双翼旅客机

到30年代,为适应高空飞行,
美国生产的波音247客机等开始使
用气密座舱。1935年,美国生产了第一种带卧铺的客机DC-3。1940
年,美国生产的号称"同温层航线"的客机波音307,可以在空气稀薄
的同温层飞行,创造了螺旋桨客机飞行高度的记录。

世界上第一架喷气式客机"彗星
1号"于1945年在英国试飞。从此
之后,喷气式客机经历了五代的发
展。第一代喷气式客机活跃在50年
代,除"彗星号"外,还有前苏联的
图-104和美国的波音707、DC-
8等。

DC-3 旅客机

60年代,喷气式客机发展到第
二代。它的特点是以涡轮风扇发动
机代替传统的涡轮发动机,耗油少,
污染小。代表机种有美国的波音727
和DC-9、前苏联的图-134、英国
的"三叉戟"等。

波音777 客机

第三代喷气式客机的特点是宽机身,这样可以大大提高运载能力,
出现时间是70年代。代表机种是美国的波音747、前苏联的伊尔-86
和欧洲五国联合生产的"空中客车"A300等。

80年代,喷气式客机进入第四代。这一代客机的特点是设备更先
进,用电子操纵系统代替机械式操纵系统,代表机种有欧洲的A320、
美国的波音757和波音767及MD-82等。

90年代以来,以美国波音777为标志,喷气客机进入第五代。这

时客机的特点是超大型，完全采用电脑进行设计。

值得一提的是，60 年代还出现了两种超音速客机。这就是前苏联生产的图－144 和英、法合作生产的"协和"号。但这两种飞机由于成本高、噪音大，基本上已退出航线。

现代民航机

今天，民航机已经成为最快速的交通工具。现代民航机除快速外，还具有飞得高、载客多、舒适、安全等特点。以美国生产的宽机身客机波音747SP 为例，它速度可达 985 千米/小时，飞行高度达 10000 米，客运航程达 13500 千米，最多能载客 592 名，最大起飞重量达 394.6 吨，简直是一座名副其实的"空中旅馆"。

现代民航机是现代航空工程发展的结晶，是众多发明集合的产物，是高新科技武装的产品。

从结构看，民航客机要求机舱庞大，但是它又与军用运输机不同，要求舒适，适应长途旅行。所以，波音747SP 客机采用宽体型。它共有 3层，上层和中层前舱是头等客舱，内部构造像客厅；中层后部是普通客舱，它每排有 10 个座位，中间有 2条通道；下层是行李舱。座椅采用防

A300 空中公共客车

"彗星"号客机

MD－82 客机

"协和"号客机

火材料，能承受 1814 千克以上的压力。为了使机体大而又重量轻、强度高，蒙皮采用全金属应力蒙皮，而且部分机翼、机舱、地板采用了蜂窝式结构。此外，现代民航机越来越多地采用了轻质高强度的复合材料和钛合金材料。例如波音 767 飞机的复合材料用量占 3%，波音 777 飞机复合材料用量达到 11%，钛合金用量达到 7%。

安－12 客机

要飞得快、飞得高和载重大，必须要有先进的动力。现代民航机大部分采用先进的涡轮风扇喷气发动机。波音 747SP 客机共装有 4 台涡轮风扇发动机，每台推力达 258 千牛。4 台发动机均匀分布在机翼下。

"三叉戟"客机

为了使旅客适应机上生活，现代民航机都采用气密增压式客舱。这种客舱飞到同温层时，舱内不会降压、降温，而是保持和地面相同的气压和气温。为了活跃旅客生活，机上可以放电视甚至电影。美国环球航空公司还专门制作了电影于 1961 年首次在波音 707 客机上放映。空中盥洗室早在 1913 年就在前苏联一架运输机上试装。1982 年，在波音 767 客机上则首先出现了先进的真空抽水马桶。为了起落舒适，现代客机设置了多个起落架。波音 747 客机共有 5 个起落架，18 个机轮。机

伊尔－62 客机

DC－9 客机

图－134 客机

轮轮胎采用性能优良材料制造，每只能承受 25.67 吨的重量。

　　为了方便操纵，民航客机上采用了先进的控制系统和导航系统。早期波音 747 客机驾驶舱的仪表板上有近千个仪表，而新型 747 客机采用计算

波音 757、波音 767 客机

机控制的多功能控制系统，只用较少的仪表就可以完成大多数控制功能的操作，大大简化了驾驶员的操作。先进的导航系统大大提高了飞机导航能力。现代民航机普遍采用了惯性导航系统，使它能在越洋飞行中正确地引导航线。新型的卫星导航系统引入民航机，更加提高了导航的能力。

　　为了保证旅客的安全，现代民航机准备了新型的救生背心和救生滑梯。这种滑梯能在 90 秒钟内使全部乘员逃离失事的飞机。据统计，民航机出事大多发生在着陆过程中。现代民航机配有"盲目着陆"设备，当天气不好时，驾驶员通过仪表和机场塔台的指挥，可以进行安全着陆。此外，机场上设置了专门的航向电台和下滑电台，可以供民航机利用先进的"自动着陆"系统，自动引导飞机着陆。

空中"农夫"——农用飞机

军用飞机和旅客机是我们常见的飞机,其实,数量最多的飞机并不是上面这两种,而是各种通用飞机。据美国1988年统计,当时全世界大约有36万架飞机,而其中有32万架是通用飞机。

"农用马车"农用飞机

通用飞机是指正规航线客货营运以外的所有民用飞机。它们包括农业、工业、科学实验、文教卫生、体育、旅游、政府公务等专用的飞机,其中为农业生产服务的飞机叫农用飞机。

早在1911年,德国就有一位林务官提出,用飞机喷洒化学药品来消灭农作物和森林的害虫。1918年,美国将这一建议付诸实践,第一次用双翼机喷洒农药,来消灭牧草害虫。1922年,前苏联也用这种方法进行农田除害。

第二次世界大战后,大批军用飞机改作农用。这些飞机由于不很适应在农田上空作业,所以常常出事。于是,各国开始着手研制专门的农用飞机。

1949年,美国研制出农用试验机农业一号、农业二号和农业三号。1960年,在荷兰名城海牙成立了国际农业航空中心。从此,农用飞机在各国有了突飞猛进的发展。据这个中心 1973 年的统计，当时全世界有 20100 架农用飞机，从事作业的农田面积达 257100 万亩（17140 万公顷）。

现代农用飞机可以从事杀虫、施肥、除草、脱叶、催熟、播种、人工降雨等各种农活。为了从事这些农活，飞机上装置了专用的设备，如药箱、喷雾器等。

M－15 农用飞机

目前，世界上有十多个国家生产了农用飞机。美国在 20 世纪 80 年代约有 8600 架农用飞机，其中除上面提到的三种型号外，还有"画眉鸟王"、"印地安勇士"和赛纳斯 188 "农用马车"等。前苏联 80 年代约有 11000 架农用飞机，主要有安－2 两翼机，后来有安－14 及与波兰合作生产的 M－15 等。其他还有澳大利亚的"空中卡车" PL－12、"空中农夫" T300，加拿大的"双水獭" DH－1、DHC－2，墨西哥的"EL"，新西兰的 FU－24，瑞士的"搬运工"，捷克的"大黄峰"和英国的"海岛人"等。

"农 5"农用飞机

"空中农夫"农用飞机

"搬运工"农用飞机

农用飞机的特点是有良好的稳定性，能在超低空飞行，能在简易场地起落，安全性好等，所以大都采用螺旋桨式飞机。美国生产的"农业猫" G164 原是一种螺旋桨式飞机，在 80 年代改进为涡轮螺旋桨式飞机。

我国于 1987 年研制成功了"农 5A"型农用飞机，1992 年中国民用航空局颁发了合格证。这种飞机在 1992 年黑龙江友谊农场作业时，对小麦防病和大豆除草效果良好，喷洒药液幅度达 20 米。近年来，我国还生产了海燕－650B 等轻型农用机。它在沈阳苏家屯地区对水稻等喷洒防虫药液时，显示充分的灵活性，减少了喷洒死角，而平均每亩（666.7 平方米）飞行成本只有 0.6 元。

森林上空的"卫士"——林业飞机

火灾是森林最大的灾害。据统计，全世界每年约发生20多万起森林火灾，有近千分之一的森林被火烧掉。如何扑灭森林之火，是一个十分棘手的问题。飞机出现以后，人们终于找到了对付森林之火的有效工具——飞机。

加拿大 CL－415 水陆双栖式森林灭火机

1919年，美国开始试验用飞机洒水来扑灭森林之火。1920年，美国又开始用飞机来探测林火。1931年，前苏联首次用飞机投掷灭火弹进行森林灭火试验。

早期的林业用飞机是用老式飞行器改装而成的。它们大部分是第二次世界大战用过的螺旋桨轰炸机和直升机，如美国陆军轰炸机 PB4Y2 和海军轰炸机 P2V，前苏联的安－2、雅克－12、里－2 和直升机米－1、米－4、卡－26 等。

早期的飞机灭火和防火作业比较原始。探测林火凭肉眼，灭火则用飞机将灭火队员空降到地面去作业。后来发展到在飞机上装置多种观测仪，用以发现林火；在飞机上安置储水设备及吸水管，直接飞到水面上去吸水，再返回空中喷水灭火。如前苏联在水上飞机安－217 上装有吸水、储水设备，它可以降到水面，吸水1吨。前苏联还将卡－36直升机改成灭火机，它可以停在水面上吸水。

国产森林灭火专用机

60年代以来，专门的林业飞机开始出现。日本、美国、法国和加拿大等十多个国家都拥有专门用于林业灭火的飞机。其中生产最多的是加拿大的CL－215型水陆两用灭火飞机。这种飞机可以装载5.35吨水，它掠过水面时，可以在12秒内将机上的水箱吸满水，然后飞到空中，在1秒钟内把水洒完。喷水面积可达长61米、宽30米。

米－4直升机

林业飞机除了可以从地面吸水灭火之外，还可以在云中播放干冰、碘化银等催化剂，进行人工降雨灭火。人工降雨比从地面取水成本低。前苏联用于人工降雨的飞机有伊尔

卡－26直升机

－14、里－2和安－2等。目前美国已成立了数百个人工降雨公司。

林业飞机还有探火功能。美国1964年研究出一种带红外线探测仪的林业飞机，它可以在空中探出森林里直径只有6米的小火。

我国早在50年代，就仿制了前苏联的安－2型飞机，用来进行森林作业。1987年，我国用自制的第一架PS－5水上飞机改装成森林灭火机，并在大兴安岭林区进行林空作业试飞成功。

加拿大是一个多森林国家。60年代，加拿大研制了世界上第一种专用森林灭火机CL－215。1993年，又研制成功了水陆双栖式森林灭火机CL－415。它上面安装了两台涡轮螺旋桨发动机，灭火效率比CL－215提高了一倍。

蓝天"运动员"——航空运动飞行器

在体育运动中,有一项特殊的体育运动,这就是航空运动。这项运动是将飞行器用于体育活动中,在我国列入国防体育运动之一。运动项目包括航模运动、滑翔运动和跳伞运动等,已经列入各种综合性运动会的表演和比赛项目中。

航模运动是一种深受青少年喜爱的活动。它包括实体像真航空模型制作、滑翔机和动力飞机模型的制作与放飞等。像真模型是将真实飞机按比例缩小,主要供观赏和收藏用。滑翔机模型没有动力,可以用手掷、用橡筋弹射或用绳子牵引等多种方式放飞。动力飞机模型可用橡筋和活塞

伞翼滑翔机

滑翔机

式发动机带动螺旋桨飞行,也可用喷气发动机作动力飞行。飞行方式又分自由飞、竞速和特技飞行等。从 1956 年起,我国航模队就开始参加国际比赛,并多次创造世界纪录。

滑翔运动是运动员亲自驾驶滑翔机进行

手掷航空模型

飞行。这项运动在国际上是 19 世纪末开始出现的，在 20 世纪 30 年代传入我国。1941 年，"中国滑翔总会"成立。1956 年 5 月 1 日，有 9 名运动员驾驶 9 架滑翔机飞过天安门广场接受检阅。滑翔机按性能分初级、中级和高级三种。初级滑翔机主要用于训练飞行，高级滑翔机主要用于竞赛和表演，中级的则兼有两者的用途。比赛内容包括飞行高度、距离和特技动作等。我国已经能够生产各种类型的滑翔机。现代滑翔机的构造特点是机翼狭而长，以增加升力和留空时间。现代滑翔机也可安装动力设备，提供辅助性的动力，可以帮助运动员起飞或增加高度，关闭动力后再作滑翔飞行。

特技跳伞

　　降落伞是一种利用伞面张开产生阻力，降低下降速度，保证安全着陆的飞行器。它主要用于飞行员空中安全降落、向地面投送物品，也可以用来降低飞行器前进速度，保证安全刹车等。现在降落伞又普遍用到体育运动中，成为跳伞运动的主要器械。用于体育运动的伞要求开伞可靠、下降平稳、外形美观，特别是用于花样和编队表演的伞更是多

悬挂滑翔运动机

姿多彩，有方形、圆形和碟形等。我国生产的具有民族特色的天坛伞、葵花伞、梅花伞等更是闻名于世。

　　70 年代以来，出现了一种滑翔机和降落伞相结合的新型运动器——翼伞。翼伞的特点是伞面形状像机翼，能滑翔飞行。后来，又在翼伞的下端安置悬挂架，变成了伞翼滑翔机。现在欧洲和美国、日本等许多国家，都要定期进行翼伞和伞翼滑翔机的滑翔比赛。我国也进行了类似的表演赛。

空中"轿车"——轻型飞机

　　轻型飞机小巧玲珑，构造简单，造价低，行动方便，是航空队伍里的"轻骑兵"。其中较大的可以载 10 人左右，可以从事探矿、救灾和短途运输；较小的只能载 2 至 4 人，一般用来进行比赛、表演和空中旅游。

"富士 FA－200"轻型机

　　轻型飞机是从 20 世纪 30 年代开始发展起来的。由于轻型飞机一般速度不快，所以大都采用螺旋桨式活塞发动机，机翼则一般采用平直式。

"RS－180"轻型机

　　美国赛纳斯公司生产了一系列造价便宜的轻型飞机，它们采用上单翼和单发动机，有着各种用途。如"赛纳斯 150"和"赛纳斯 170"带有滑橇，可以在水上、雪地起落，而"赛纳斯 210"则带有船形机身，更便于着水。美国派帕公司生产的"PA－18"和"PA－28"游览机采用下单翼，分别可以载客4人和1人。美国生产的"彼得氏-S-2A"轻型比赛机，在世界比赛中盛行一时。美国也生产过双发动机的"赛纳斯 340"和"洛克韦尔 980"轻型机，还生产过喷气式轻型机。

　　发达国家热衷生产轻型飞机的还有法国、德国、英国、日本等国。其中法国的"拉利"、德国的"RS‑180"和日本的"富士 FA‑200"都是采用单发动机，可乘坐 4 人，速度大都是 200 多千米/小时；而英国的"B206"则采用双发动机，可乘坐 8 人，速度达 400 多千米/小时。

国产蜜蜂 2 号轻型机

60 年代以来，许多人开始自己动手制造小型飞机，在西方甚至搞起"家庭造飞机"活动来。如 1986 年美国伯特兄弟制造了一架三机身式轻型机"旅行者"，采用现代复合材料，机翼特别长。它的全身装满燃油。这一年 12 月 14 日，曾载着 2 人，从美国起飞，中途不着陆环球飞行了 9 昼夜，于 12 月 23 日返回起飞地，创造了环球飞行 40407 千米的长途飞行世界纪录。

"PA‑28"游览机

我国的轻型飞机也在研制和发展中。1975 年，我国研制成功 Y‑11 轻型飞机。它是一种上单翼双发动机小型多用途飞机，可用在农业和地质勘探方面。

1975 年，美国威斯康星州的约翰·墨迪，在一架滑翔机上装了一台 10 马力（7.35 千瓦）的发动机和螺旋桨，成功地在冰冻的湖面上起飞，飞行了约 2400 米，从此诞生了一种新概念的飞行器——超轻型飞

"赛纳斯 170"轻型机

机。它的特点是结构简单，少到只乘一个人。在这以后，超轻型飞机风靡世界。据统计，目前世界上有 40 多家公司在生产这种飞机，年产量达 18000 架。这股风也波及到我国。自 80 年代以来，到 90 年代中期，我国各工厂、研究所、公司和爱好者，大约研制了几十种、200 多架超轻型飞机，其中有北京航空航天大学研制的蜜蜂系列机、石家庄 522 厂研制的 W6 系列机、吉林仪表总厂研制的普兰一号等。这些飞机在航空探测、空中摄影、广告宣传、抗洪救灾、邮政通信、农林播撒、飞行训练和空中旅游中可发挥一定的作用。

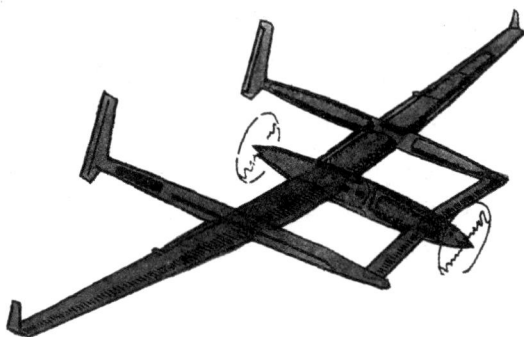

"旅行者"轻型机

"人造蜂鸟"——单人飞行器

蜂鸟是世界上最小最灵巧的鸟，所以有人把单人飞行器比做"人造蜂鸟"，以比喻它的轻巧、灵活。它是供个人使用的，有了它，人真的可以像鸟儿那样自由地飞行了。

单人飞行热是在 20 世纪 50 年代初兴起的。最简单的是火箭背包，人背上这种可喷气的背包，利用喷气可以升到几十米高，飞越几千米。

单人飞行器最常见的是采用旋翼。最便捷的是背负式直升机，这种飞行方式最早是美国潘特可斯特于 1945 年设计的，是在人身上背负一个带旋翼的发动机，用双腿代替起落架。

后来，美国的亥勒采用喷气发动机，制造出供单人使用的直升机 XHJ－1 并获得成功。接着，荷兰也造出了类似的"蜂鸟"式单人直升机。

不久，又有人采用火箭发动机来推动旋翼，造出了"针轮"单人直升机。这种发动机

火箭背包

"针轮"单人直升机

用过氧化氢作燃料，燃气从旋翼尖端喷出，推动旋翼旋转。这种飞行器到 60 年代得以发展，并在巴黎航空博览会上表演过，可飞 500 米远。不过这种发动机工作时间太短，实用价值不大。

单人飞行平台

还有一种号称"空中摩托"的旋翼机，也加入到了单人飞行器之列。它的外形像直升机，但工作原理和直升机不同。它的旋翼不与发动机直接相连，而是像风车一样，靠前进的迎面气流吹动而自由旋转，以产生升力。它还有一个后置的螺旋桨来产生前进动力。这种飞行器虽然速度不大，但很平稳、起落方便、操纵简单，所以很受爱好者的欢迎。美国本森飞机公司生产的 B-8 型旋翼机重量只有 150 千克，速度可达 90 千米/小时。在美国，不必申请驾驶执照即可飞行。

背负式单人直升机

单人飞行器的第二代是"飞行平台"。这种飞行器外形像个飞盘，人站在盘上。盘中装有喷气发动机，发动机向下喷气，盘型平台就会载人飞起来。

现代"飞行平台"由于运用了气垫原理，它可以在离地 1 米高的空间平稳地飞行，十分节省燃料。美国研制的飞行平台，

"蜂鸟"单人直升机

可以在 0.4 平方米的小场地起飞。它总重才 110 千克，速度可达 90 多千米，航程可达 3 千米/小时，可以飞行 30 分钟。这种飞行平台甚至可以在高层建筑物和峭壁边上飞行，有的还可以像交通岗亭那样悬在空中，有的竟可以自由地在树林中穿行，真是自由自在。

我国单人飞行器也在研究和探讨中，搞过单人直升机，也搞过喷气式单人机和单人伞翼机。

现代"竹蜻蜓"——直升机

竹蜻蜓是我国发明的古老玩具,有2000多年的历史,它是现代直升机的雏形。关于直升机械的设想,早在晋朝葛洪写的《抱扑子》一书中就有记载,其中提到一种枣心木做的飞车,可以用牛革来牵引飞行,它就类似直升机。

15世纪意大利艺术家和科学家达·芬奇曾设计过一种螺旋推进器,是最早的直升机的蓝图。1907年,法国工程师路易士·伯雷格和黎歇,制造出了第一架真正能载人离开地面的直升机。这是一种具有4副旋翼的直升机,可惜它由于没有解决好操纵问题,会发生自旋"打转"现象,不能使用。

真正解决了直升机操纵问题,并制造可实用的直升机的是出生于俄国的美国人西科尔斯基。1939年,他制造了

竹蜻蜓

达·芬奇设计的螺旋推进器

一架带尾桨的直升机VS-300,彻底解决了"打转"现象,开创了直升机的新纪元。

路易士·伯雷格和黎歇制造的直升机

尾桨就是装在直升机尾部的一个小螺旋桨。没有尾桨的直升机会产生自旋力矩，使直升机打转转，用尾桨产生的力矩可以平衡直升机的自旋力矩，使直升机平稳地飞行。但是，它

米-12横列式直升机

也带来另一问题。由于它暴露在机外，很容易损坏，十分不安全。比如，美国在60年代的越南战争中，损失的直升机有一半的毛病是出在尾桨上。为此，直升机专家提出许多措施来保护尾桨，如将尾桨装在机身里等。

后来，航空专家又提出了取消尾桨，用其他办法解决直升机的稳定问题。这就是用两副反向旋转的旋翼代替单旋翼。由于两副旋翼反向旋转，产生的自旋力矩正好方向相反、大小相等而互相抵消，所以不会产生"打转"现象。

卡-26共轴式直升机

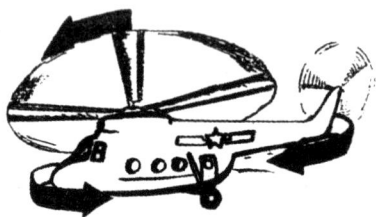

利用尾桨稳定直升机

双旋翼有两种装法。一种是装在同一根轴上，叫共轴式，如美国的S-69、前苏联的卡-26就是这样的直升机；另一种是分别装在两根轴上，叫双轴式，其中两个旋翼分别位于机头、机尾的，叫纵列式，如美国的CH-47；而两个旋翼分别位于机身两侧的，叫横列式，如前苏联的米-12。米-12机身高12.5米，

长 37 米，旋翼直径 35 米，最大起飞重量达 105000 千克，是目前世界上最大的直升机之一。双旋翼直升机虽然可以免去尾桨，但由于结构复杂，目前仍没有得到广泛的应用。

直升机由于有特殊的飞行本领，因而得到广泛的应用。它可以垂直起飞、垂直降落，所以不需要宽广的机场和坚固的跑道。它可以在一定的高度向前、后、左、右飞行，还可以悬停、定点转弯和无动力自转下降，所以可以完成许多一般飞机难以做到的空中作业，并被誉为"空中多面手"。

1940 年，美国军方决定购买 VS－300，并编号为 R－4，成为首架军用直升机。此后，直升机进入军事领域。1965 年，美国成立了由 430 架直升机组成的"骑兵第一师"。据统计，目前许多国家的现役飞行器中，直升机占近三分之一，它成为了重要的空中力量。

直升机空战

20 世纪 50 年代初期，直升机主要用在运输、侦察和救护上。由于它可以在特殊条件下起落、飞行，所以可以在各种地形障碍带、工程障碍带、燃烧地区和放射性污染区进行机动飞行作业。

利用直升机进行空降作业，比起用降落伞从一般飞机上降下，要优越得多，它可以在低空情况下，突然降落到敌人后方和军事要隘，并实施突然袭击。

直升机空中救援

利用武装直升机还可以进行空战。武装直升机上装有机枪、火箭筒和反坦克导弹等武器。它既能攻击地面目标，还能攻击水下目标，甚至还能攻击空中目标。现代武装直升机可以在空中翻筋斗、横滚和紧急跃升，能够在空中进行各种高难度的特技飞行，所以，它能和一般战斗机一样，进行空对空的空战。此外，它还可以为运输机护航，对阵地四周进行火力攻击。

美国 CH－47 武装直升机

武装直升机还可以超低空攻击地面交通枢纽、军火库等军事目标，也可以攻击炮兵阵地、装甲车和坦克。据演习结果表明，在 3 千米的距离上，直升机攻击坦克的获胜概率达 100％。武装直升机还可以发射深水炸弹、鱼雷或导弹，是反击潜水艇的有力武器。它还可以利用扫雷工具，扫除水雷。

直升机空中探矿

直升机运送火炮

在国民经济中，直升机也大显神威。它可以直接放下软梯、救生绞车和救生网，救出偏远地区、水面的病人、难民；在建筑工地上，它可以进行吊装作业；在深山中，它可以进行空中探矿；在森林和农田上，可以进行喷洒作业，还可以在草原上放牧牛羊、在海洋上寻找渔群。总之，它在经济建设中也是个"多面手"。

人力飞机

　　人类早就梦想利用自己肌肉的力量去飞行，但始终没有成功。

　　1670 年，法国锁匠贝尼曾经制造一个有四只翼的"飞

"蝉翼信天翁"号人力飞机

行十字架"。架上装有翼片，可以用手脚扑动。但是，这种"飞行十字架"没有飞成功。

　　人类开始学飞行时，总想学习像鸟儿那样用肌肉的力量扑翼而飞，也尝试了多种扑翼飞行方式，最后都以失败而告终。

　　失败促使人类去思考：到底是人类的技术不到家，还是人的先天不足呢？经过长期的研究，终于明白，人的确在飞行上比不过鸟。鸟在长期的进化过程中，整个生理构造都适应了扑翼飞行。

　　鸟的翅膀扑动频率极高，而且自身重量轻。世界上最小的鸟——蜂鸟体重只有 3 克，每秒竟可扑动翅膀 50 次，这就使它飞行得最灵敏，而这点人是望尘莫及的。扑动的力量来自肌肉。鸟的胸肌发达，它是效率最高的"发动机"。一只 340 克重的鸽子，可发出 0.0256 马力的功率，折合每千克体重可以发出 55 瓦的功率。而一个最优秀的人类运动员，若体重 65 千克的话，只可发出 1103 瓦的功率，折合每千克体重只能发出约 20 瓦功率，比鸟少多了，而且人的这种力量只能维持 0.3 秒

147

钟。此外，鸟的骨头是空心的，特别轻；鸟的体形呈流线形，适合飞行。

人类从失败的教训中，得出结论：扑翼飞行，难以成功。于是，他们决定改扑翼为固定翼，用脚踏代替手动。

1936 年，德国的维林吉和意大利的波西波罗密，将装有翅膀的脚踏车和螺旋桨结合起来，制成了最早的脚踏飞机。虽然飞行效果不佳，但毕竟给人力飞行带来一线希望。

1959 年，英国皇家航空学会靠商人克雷麦的资助，设立了一项人力飞行奖，奖给第一位成功的人力飞行者。

贝尼制造的"飞行十字架"

奖励的条件是，在相距两英里（3.2 千米）的两点，在 10 英尺（3 米）的高度，飞一个 8 字形航线。

为了争夺这项奖金，许多人付出了艰苦的努力。1961 年以来，英国人造出了"升攀"号、"海鸭"号、"剑桥"号、"木星"号和"巨嘴鸟"号人力飞机；日本人造出了"红雀"号人力飞机；美国人造出了"飞行自行车"人力飞机，但这些飞机都没有达到奖励的条件。

直到 1977 年，一个叫麦克里迪的美国人才一举成功地夺得了"克雷麦"奖。

那一年，麦克里迪制造的"蝉翼秃鹰"号人力飞机，在大力士艾伦驾驶下，用 7 分 28 秒，飞出了预定的 8 字。两年后，他又造出"蝉翼信天翁"

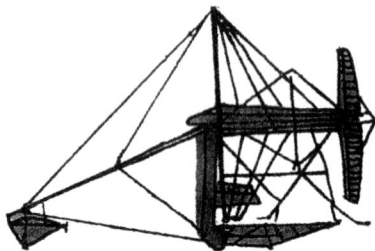

"蝉翼秃鹰"号人力飞机

号人力飞机，它一举飞越英吉利海峡，再次获奖。1983 年，在麦克里迪指导下，美国造了一架"仿蝙蝠"人力飞机，它在 3 分钟内，沿三角形航线，飞行了 1500 米，为人力飞机进入实用阶段打下了基础。

与此同时，有人又开始研制人力直升机。1980 年，美国直升机协会决定奖励在 3 米高的空中，飞行 5 米距离以上，飞行时间 1 分钟以上的人力直升机。1981 年，美国加利福尼亚州理工大学造出了达·芬奇 I 号、II 号、III 号、IV 号人力直升机。其中 IV 号在 1989 年飞行时，在 0.18 米高空中，飞行了 6.8 秒钟，但未达到奖励条件。

太阳能飞机

　　飞机在天空飞，可以说是"近天楼台先得日"，那么，能不能利用太阳能来开动飞机呢？

　　人类利用太阳能有千万年的历史。太阳能可以将水变成蒸汽，推

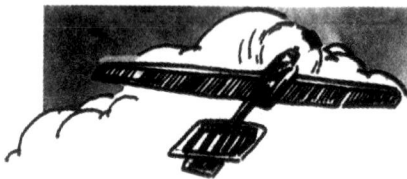
"蝉翼企鹅"号太阳能飞机

动蒸汽机，然而蒸汽机太笨，用太阳能推动效率太低，用来开动飞机难以成功。

　　能不能直接将太阳能变成电能，再用电能驱动飞机螺旋桨飞行呢？这个愿望到了 20 世纪 50 年代，出现了半导体太阳能电池之后，开始有了实现的可能。一个 2 厘米见方、零点几毫米厚的太阳能电池，可以产生几十毫伏特的电动势和几毫安培的电流。如果这种电池串联和并联起来，就可以得到足够的电能。我国上海吴淞口的航标灯，就是用太阳能照明的。它由 9600 片太阳能电池组成，总面积达 10 平方米，功率达 60瓦。后来，这种电池不断进步，终于从用在地面发展到用在飞行器上。

　　硅电池可直接将太阳能转化成电能，作为飞机的动力。它像纸一样薄，它是在硅片上一面掺入硼、镓等元素，另一面掺入磷、砷等元素，组成 P、N 结，即正、负极。

　　最早的太阳能飞机，是在英国制成的。这架飞机翼展 20 米，总重103 千克。在 1979 年试飞时，飞行了几分钟，飞行距离为 1100 米。

1980 年，美国人力飞机制造者麦克里迪和美国航空航天局，以及杜邦公司合作，制造了外形类似人力飞机的太阳能飞机"蝉翼企鹅"号。这架飞机蝉翼般的机翼和尾翼上，装满了太阳能电池。螺旋桨由太阳能供电的电动机带动。试飞时，特地请了一位体重仅 22.7 千克的布朗女士驾驶，机体重量仅有她的体重的一倍左右。试飞时，飞行了 3.2 千米，历时 14 分 32 秒。

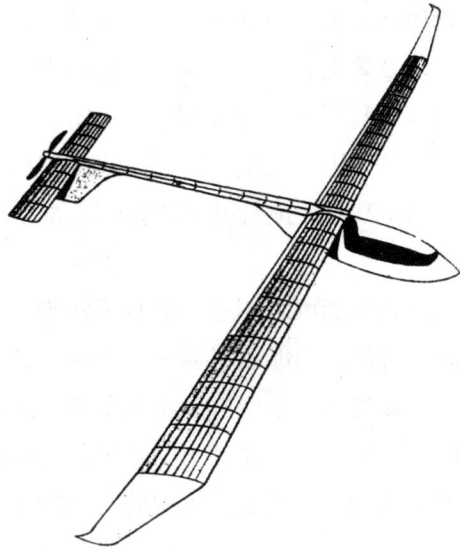

英国詹姆斯·汉德森设计的太阳能飞机

接着，美国又设计了"太阳能挑战者"号太阳能飞机。它身上装了 16128 片太阳能电池。电池总面积达 22 平方米，可获得 3000 瓦的功率。这架飞机全长 9.1 米，翼展 14.3 米，总重量 97 千克。1980 年 12 月，由一位体重仅为 40 千克的女士驾驶，在 4360 米高空，飞行了 8 小时，飞行距离达 370 千米。1981 年 7 月，由一位体重 58 千克的男士驾驶，以 54 千米/小时的速度，飞行 5.5 小时，飞渡了英吉利海峡。

1993 年 10 月，英国詹姆斯·汉德森试飞成功了一种全部采用复合材料制成的太阳能飞机。它有效载重为 50 千克，飞行高度为 25000 米。

1996 年 6 月，美国航空环境公司研制成功一架无人驾驶太阳能飞机。这架命名为"开拓者"的飞机装有一副 30 米长、2.5 米宽的翼板，上面铺有 8000 个太阳能电池，可产生 7 千瓦电力。它可推动 8 台电动机，带动 8 个螺旋桨，驱动飞机飞行。

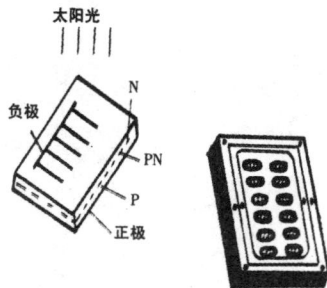

太阳能硅电池原理

它用高强度轻质碳纤维材料制成，整架飞机重量只有 180 千克。"开拓者"成功后，科学家又在研制新一代"太阳神"号太阳能飞机，这架飞机翼展将增大到 60 米，预计可连续飞行 3 个月以上。

太阳能飞机在试飞

太阳能取之不尽，而且无污染，但太阳能电池十分昂贵，效率还不高，所以太阳能飞机要进入实用，还要解决许多难题。

除利用太阳能电池将太阳能变为电能推动飞机外，科学家还在设想用太阳能产生激光，来加热喷气发动机内的压缩空气，产生喷气推力来推动飞机，这就是设想中的太阳能激光喷气飞机。

实 践 篇

　　航空工程是一门工程学科，它必须通过实践才能完成和革新。若想成为一名未来的航空工程师，进行一些航空工程的初步实践，很有必要。

　　当然，我们并不要求大家马上去造飞机，而是希望少年朋友去从事一些与航空有关的活动。比如制造风筝和放飞风筝、制作和放飞各种飞机模型，从中可以了解飞行器的基本构造，认识飞行器的飞行原理；又比如，参观飞机制造厂和航空港，可以实地看到飞机制造和飞行准备的许多真情实况，令人大开眼界和跃跃欲试；还有，观看飞行表演、参观航空博物馆等，可以认识各种飞机，掌握许多特技飞行知识，增加你的见识，这些将为你成为真正的航空工程师打下基础。

制作和放飞风筝

放风筝不仅是一项培养航空兴趣的实践活动，而且是一种有益健康的体育活动。

北宋张择端画的《清明上河图》中，就画有放风筝的生动情景。清代流传的一首《北京竹枝词》中，描写了放风筝（风鸢）的盛况："风鸢放出万人看，千丈麻绳系竹竿，天下太平新样巧，一行飞向碧云端。"

沙燕风筝和受沙燕风筝影响而设计的日本、东南亚风筝

沙燕风筝的提线

风筝从结构上可分为硬翅风筝、软翅风筝、串式风筝、桶形风筝和板形风筝等多种，从形象上又可分为动物、人物和物品等多种。

这里介绍一种典型的中国风筝的制作和放飞。它是一种硬翅风筝，外形像一只燕子，叫沙燕风筝。这种风筝流传很广，日本和东南亚等地受这种风筝的影响，也设计出了类似的风筝。

多姿多彩的风筝

沙燕风筝的骨架用竹条弯成，尺寸见下图（见 P156），图中 a 为 1 个单位。它的翅膀条要求径粗、端细，而且下翅膀条要比上翅膀条细。头部和身部用细竹弯成，尾部用两根粗竹作主干。为了增强各部分的坚固性，翅部、头部、身部和尾部都用竹条加固，并用线绑牢。尾部还要拉上张线（图中用虚线表示）。注意整个风筝骨架不要处在一个平面上，要向里弯一个弧度。

大小各异的沙燕风筝

骨架制作后，在上面绑 3 根提线，供固定拉线用。3 根提线分别为上面 2 根、下面 1 根，然后将 3 根提线绑在一起，交点可在试飞时调整。

　　然后在骨架上蒙纸。纸可用结实的、有韧性和不透气的薄纸，如皮纸等。蒙时翅膀处要卷边粘好，头部、身部和尾部只要平粘即可。

　　最后在纸上彩绘图案，就这样，一只沙燕风筝就做成了。

　　在提线上绑上结实而轻的线，就可以到野外去放飞了。放飞前，拉线可绕在线板上。

　　一般中小型风筝最好在2至4级风时放飞。要对正风向，迎风而放。如果风筝往下跌，可以向下移动提线拉点位置；如果风筝后仰，则可把提线拉点位置向上移。收回风筝时要慢慢将线拉下，随即将线绕在线板上。

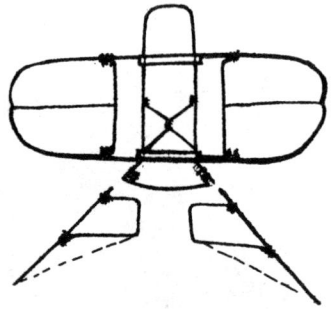

沙燕风筝扎制图

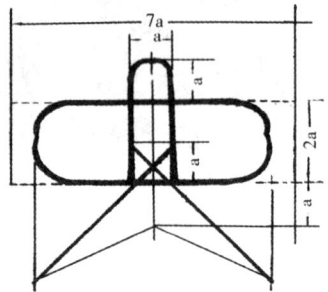

沙燕风筝尺寸图

制作橡筋动力模型战斗机

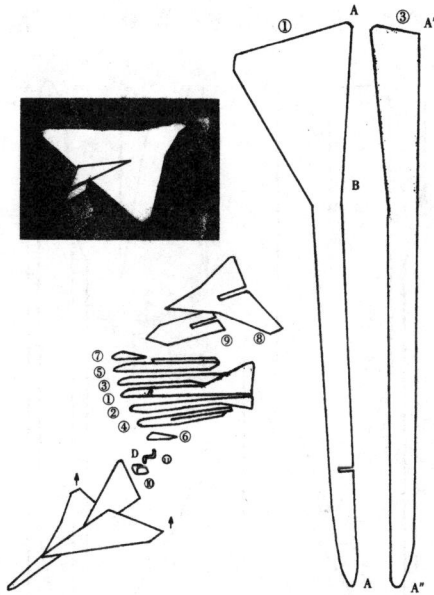

制作一架三角翼模型战斗机，可以用橡筋作动力来放飞。

用卡片纸按图①至⑩的形状，剪出 10 片纸片。再用一根小铁丝按图⑪的形状，弯成一个钩。

依次将纸片②、④、⑥和③、⑤、⑦用胶粘合在纸片①上，粘合时外缘对齐，即将 A′A′、A″A″对准 AA；A′B′、A″B″对准 AB。这架模型机的机体就制成了。注意纸片④和⑤虚线上端不涂胶，沿虚线按箭头方向折弯成水平状，以便作为翼托来安装机翼。将④、⑤的翼托部分涂上胶，再将纸片⑨和⑧粘合到纸片④和⑤的翼托上，注意纸片⑨和⑧的槽要嵌进纸片①的尾翼中。将挂钩⑪直角一端 D 插入纸片①的小槽中，再将纸片⑩对折后用胶粘在挂钩和纸片①上，将挂钩固定。这架模型战斗机就全部制成了。

模型制好后，可以用橡筋作动力放飞模型飞机。放飞前，先将机翼微微向上翘。然后将橡筋挂在挂钩⑪上。拉动橡筋，模型就可以直飞出去，再滑翔下来。

通过制作模型飞机可以了解战斗机的基本构造；放飞橡筋动力模型飞机可以初步掌握模型飞机的动力飞行和滑翔飞行情况。

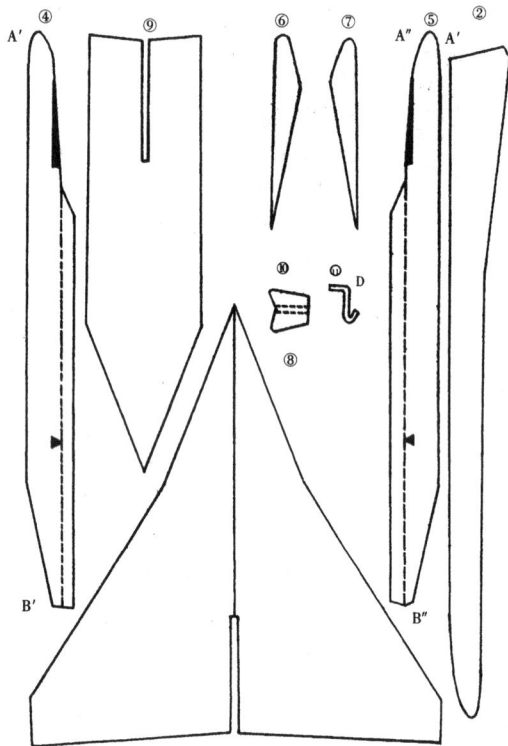

参观飞机制造厂

现代飞机生产厂是一个庞大的、综合性的生产部门，它包括设计、试验、零部件加工、装配、试飞等多种工序。

飞机设计是制造飞机的第一步。在设计所里，设计员要进行方案研究，然后进行飞机的整体设计和零部件设计。由于飞机设计需要大量的工时，而飞机使用寿命很短，往往使用不久就得更新、改型，所以现代飞机设计必须快速，大多应用电子计算机来进行理论计算和绘图。

飞机试验是研制飞机的第二步。为了考验设计方案是否可行，必须先用木

飞机设计

做成模型

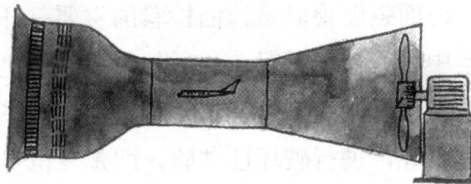

将模型放到风洞口去作吹风试验

头做成模型，进行模拟试验。模型有原大和缩小两种尺寸。缩小型模型要放到风洞里去吹风，试验模拟飞机在空中的飞行状况，各项飞行指标合格方可投入研制；原大模型可提供实体形象，以便进一步改进设计。

零部件加工是飞机生产的繁重工序。现代飞机的零部件数以万计，包括成品件和加工件两大类。其中成品件如发动机、仪表和无线电设备等，都由专门的生产厂生产；而加工件则全部在飞机主机制造厂生产。加工件的加工包括机械加工、压制加工和非金属零件加工等工序。机械加工有车、铣、刨和磨等。这些工序可将锻件、铸件、钣料、型材和管材等毛坯，加工成飞机零件；压制加工又名钣金加工，是将钣料、型材和管材等压制成飞机蒙皮和框架等；非金属加工是把橡胶、塑料和有机玻璃等非金属材料加工成飞机零件。现代飞机零件的加工大多采用自动化加工机械和计算机控制的加工工艺。

装配是飞机制造的重要工序。装配车间是飞机制造厂最大的厂房。在这里，装配工先将加工好的零件，通过铆接、焊接和螺丝连接等多种方式，组装成飞机的壳体；接着将发动机、仪表和无线电等设备装配到壳体上，最后总装成完整的飞机。

飞机组装

制造一架合格的飞机最关键的工序是检验，检验内容包括地面检验和空中飞行检验。地面强度检验是地面检验的重要一环，一般只对关键的样机进行。而空中飞行检验是对总装后的每一架飞机都要进行的。

地面强度检验在强度试验室进行。在这里，要对飞机最重要的受力部件，如机身和机翼等，进行破坏性试验，即是在机身和机翼表面贴上强黏力的胶带，然后用拉力机模拟空中受力情况，使劲拉开机体，直至破坏为止。破坏力大于实际承受力，才算合格。否则要重新改进设计，

重新加工，直至合格后才能送去
总装。鸟撞试验是地面强度试验
的另一内容，就是用模拟鸟去撞
击机件，以考验飞机真的在空中
遇到鸟撞时的状态。

拉力试验

空中飞行检验在飞机制造厂
的试飞场进行。在飞机制造厂建
有专门的试飞机场，配备有训练
有素的试飞员。只有实际飞行的各种指标合格之后，才可以出厂，交付
使用部门。

总体装配

参观航空港

　　航空港是飞机起落、旅客上下飞机的地方，也叫机场。一个大型现代化航空港，平均每分钟要起落几架飞机，而且日夜都要工作，所以航空港有一大套建筑和设施，并且要实现严格的地面和空中管理，才能保障全部运作安全、有序地进行。

　　航空港的建筑、设施主要分候机楼、跑道区和塔台三大部分。我们来看看这三大部分的组成情况和工作情况。

　　候机楼是旅客上下飞机首先要经过的地方，它一般由上机厅、下机厅和生活区等部分组成。它们是旅客办理上下机手续，进出航空港和休息的地方。候机楼的特点是，除了有宽大的活动空间外，还有许多卫星厅。卫星厅就像分布在候机楼四周的卫星，飞机起飞和着陆时，与卫星厅对接，旅客可以直接在这里上下机。上机厅有办理票务和托运行李的场所，还有安全检查处。下机厅有行李自动输送带和出港口，方便旅客提取行李、走出机场。生活区有餐厅、商店和阅览室等设施。大型候机楼相当一座设施齐全的小城市。

　　跑道区是航空港占地最大的区域，它设有庞大的停机坪和多条跑道，供飞机起落。为了保证起落安全可靠，在跑道区设有许多导航设施。这些设施包括各种信号灯、无线电信标台、飞机自动导航设备、消雾装置、驱鸟装置和雷达管理站等。这些设施可以保证飞机安全、准确起飞和降落。在灯光和无线电信号引导下，驾驶员通过自动导航设备，

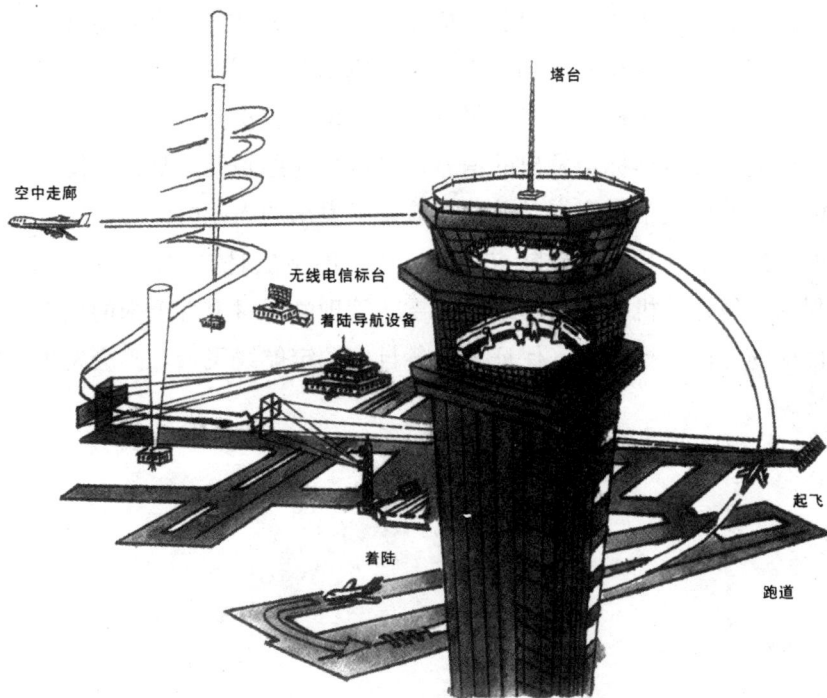

塔台

空中走廊

无线电信标台

着陆导航设备

起飞

着陆

跑道

跑道区和塔台

即可自动起飞、降落。驱雾装置可以消除起落区的浓雾，保持能见度。驱鸟装置可以驱除起落区的鸟类，防止鸟的撞击。

　　塔台是航空港的神经中枢，它是整个机场地面和空中，以至机场上百千米范围内空中走廊的控制中心。塔台高高地竖立在跑道一侧，是一座用计算机等高科技武装的塔楼。塔台的上层是机场管制指挥台，主要对机场区起降的飞机进行指挥。当飞机起飞时，塔台发出信号，指挥飞机从停机坪滑行到起飞跑道上，到达预定的起飞点。一

从塔台看机场候机楼

切准备齐全后，由塔台发出起飞信号，飞机加大马力飞离跑道起飞，并按预定的空中走廊离开机场。飞机离开机场后，再受塔台指挥，沿一定的航线飞向下一个机场。当飞机着陆时，由塔台指挥，在指定的空域降落。根据无线电信标台发出的信号，飞机从高层到低层盘旋下降，然后按机场上的灯光信号和自动着陆导航设备发出的无线电信号，对准着陆跑道，慢慢地在预定的着陆点着陆。塔台的下层是终端区管制指挥台。它利用大型计算机和设在跑道区的雷达管理站，对上百千米的范围内数以百计的飞机进行管理，保证飞机各自按预定航线飞行，不会发生相撞事故。

乘坐飞机

民航客机是一种在高空飞行的高速交通工具，尽管现代化的民航机有安全保障，但是乘坐飞机还是要做好准备，乘机时要认真执行各种规定，才能安全、可靠地到达目的地。

乘机前要预先买好机票。可到各民航购票点去预定机票，如有急事，也可以在机场买当天票。

飞机越飞越高时，大气压会越来越低；起飞、降落时，人体会有超重和失重现象；飞机在气流不稳时，会有颠簸。这些都会对人体产生影响，所以乘机前一定要注意身体健康情况和饮食状况。

有严重心脏病、高血压病、精神病和急性病的人，不能乘机。上机前，要限制食用产气食物或高纤维素、高脂肪、高蛋白食物。由于高空气压低，吃了产气食物

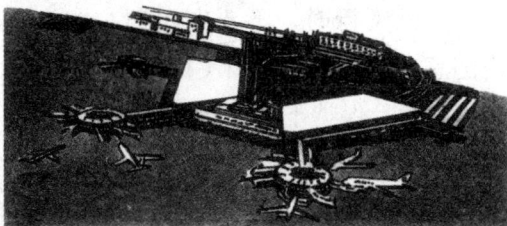

现代化候机楼

或纤维素高的食物，如韭菜、花生等，会造成肠胃胀气；由于飞机振动，使消化液分泌减少，吃了高脂肪、高蛋白食物，会引起肚子发胀。

不要空腹或饱腹乘机。由于飞机振动，人体糖消耗增加，空腹会使人体血糖降低，使人体耐力降低；饱腹会引起呼吸不畅、腹部充血，引起昏倦。

要提前适当时间到达候机楼，在指定窗口办好行李托运和登机手续，从指定通道，经过安全检查后，进入候机室。不要携带凶器、易燃易爆、有毒等危险品上机。大型机场的候机室设在卫星厅内，在卫星厅或候机室门口，设有安全检查仪器，通过仪器检查合格后，方可进入卫星厅等候上机。

美国匹兹堡机场候机大厅

登上飞机后，要对号入座，并把自己随身携带的行李放在机上的行李柜中，并关好柜门。然后，认真听取空中小姐的讲解，系好安全带，正确使用座位旁的装置。

飞机飞行时，不要在机舱

乘客登机前接受 X 光检查

内随意走动，以避免因飞机的突然颠簸而受伤。使用机舱里的卫生间要注意冲洗，保持干净。切不可在机内使用电脑、电子游戏机、遥控玩具、移动电话机等电子设备，以免对机上的无线电设备产生干扰，影响飞机的安全。飞行中可食用机上准备的糖果、饮料和快餐，不要乱吃自带的食品。在海上飞行时，要准备好安全救生背心。如发生事故，要听从机组人员指挥，安全撤离飞机。

到达目的地机场后，要等飞机停稳后才可解开安全带，取下随身携带的行李下机。下机后要记住到指定地点去领取自己托运的行李，再按指定通道出港。

观看飞行表演

飞行表演是展示飞行器和驾驶员技能、推销产品、宣传和普及航空知识、锻炼体质和娱乐等多功能的活动。

飞行表演包括航空模型、热气球、降落伞、滑翔机和军用飞机等飞行器的各项动作演示，包括单机动作和多机编队演示，其中最引人注目的是战斗机的特技表演。

特技表演的首创者是俄国飞行员聂斯切洛夫，他于1913年首创在垂直平面内作空中翻筋斗，证明高性能的飞机和高技能的飞行员可以创造出飞行奇迹来。

现在特技飞行的基本动作有：

跃升：快速上升；

俯冲：快速下降；

1913.8.27

聂斯切洛夫和他表演的空中翻筋斗

飞机拉烟

盘旋：在水平面内飞一个圆周；

水平 8 字：在水平面内飞一个 8 字形，包括连续转弯；

横滚：在一条直线上绕机身纵轴线边滚边前进，包括横滚爬升、横滚下降；

筋斗：在垂直平面内连续翻转 360 度，甚至飞一个垂直 8 字形；

螺旋：沿螺旋线上升或下降；

半滚倒转：边转弯边倒转机身；

倒飞：机身"肚皮"朝上飞行……

飞机拉烟

在飞机表演时，为了吸引观众和增加表演效果，有时会向空气中喷洒一种拉烟剂，在空中形成一道道白烟，有时还会在拉烟剂中加上颜料，拉出各种颜色烟来。

特技飞行的动作还有很多。如 1989 年前苏联飞行员普加切夫驾驶苏－27 飞机创造的"眼镜蛇机动"，即拉起机头、直起机身，然后机头在后，呈大仰角飞行，压低机头，向远方飞去。

除了单机特技飞行表演外，更精彩的是编队飞行表演。

空中编队跳伞是一种特技花样跳伞。跳伞员通过高超的操纵技术，在空中组成各种各样的伞花造型，有的是在空中叠罗汉，组成"踩伞"造型，就像"空中楼阁"；有的手拉手，组成多姿多彩的花样，就像"空中花坛"。

飞机编队表演更是一种融惊险

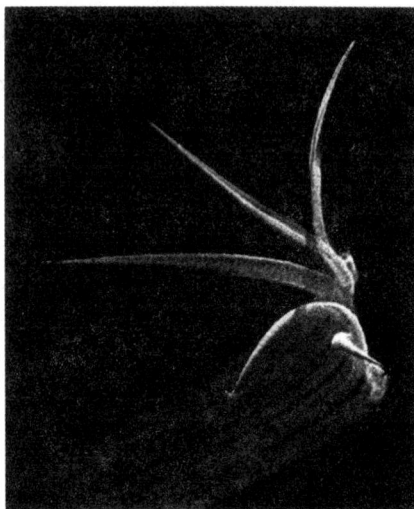

编队飞行特技表演

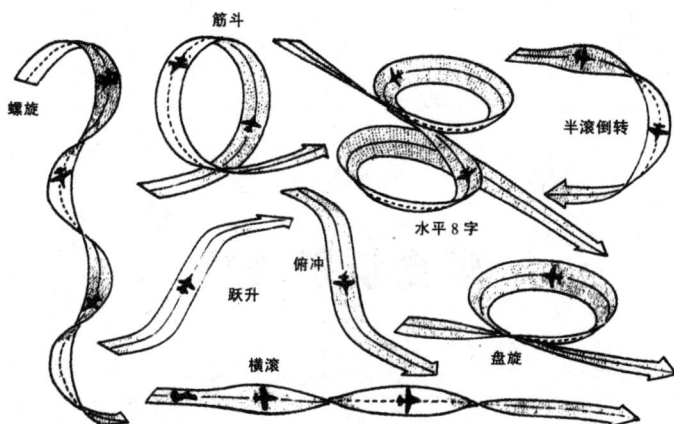

特技飞行项目

和艺术为一体的特技飞行。其中更精彩的是密集编队飞行表演。由于这种飞行飞机间距离短，很容易受飞机尾流和涡流影响，造成撞机危险，所以必须有高超的技术和先进的飞机设备加以配合。我国空军"八一"飞行表演队已经掌握了四机、六机、九机编队表演，飞机距离近达1米、高度差仅1.5米，而且创造了九机上下开花、水平开花等高难度动作。

观看飞机特技表演，不仅是一种艺术享受，而且是一种增长知识、振奋精神的受教育的良机。比如飞机翻筋斗就像我们在游乐园里乘过山车一样，当人头向下、脚朝上时，并不会掉下来，是因为有惯性力支持；又比如飞机作急转弯上升时，产生的重力要大许多倍，会使飞行员血液下沉，头晕眼花，所以飞行员需要强壮的体质和顽强的精神。

学会识别飞机

现代飞机千姿百态，必须对照图片仔细分析比较，才能准确无误地识别。当然除了从外观特征识别外，也可以听发动机的声音，来加以鉴别。

P-38 双机身飞机

飞行器分轻飞行器和重飞行器两大类。轻飞行器比较容易识别，它只分两种：气球和飞艇。气球多是球形或倒水滴形，飞艇多是梭形。

重飞行器分飞机和直升机两大类。直升机也比较好识别，它机身上方有一个大旋翼，有的也有多个旋翼。其中只有一个旋翼的直升机，它的尾部必定有一个垂直安置的小旋翼。多旋翼的直升机，有的旋翼是串联的，那是共轴式；有的旋翼是并联的，叫双轴式。

C-5A 运输机

波音 707 客机

飞机种类很多，识别时要注意机身、机翼、尾翼、发动机和起落装置五大部分。

从机身看，有单机身式和多机身式。现代飞机一般都是单机身的。

莱特式双翼机

DR－1 三翼机

机身细长的，一般是客机或轰炸机；机身较粗的，往往是军用运输机；机身较短的多是战斗机。多机身飞机很少，它的特点是稳定性好，但速度慢。第二次世界大战中美国生产的战斗机 P－38 就是一种双身机，号称"双身的恶魔"。1986 年，美国伯特兄弟制造的轻型飞机"旅行者"曾创造连续飞行 40407 千米的记录，它有三个机身。

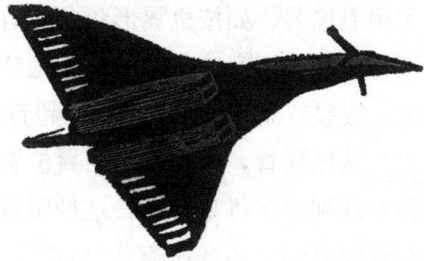

三角翼式图－144 超音速客机

瑞典"雷"式战斗机的鸭式"尾"翼

从机翼看，飞机如按机翼数目分，有多翼式、单翼式。早期飞机都是双翼式。第一次世界大战时，德国生产过三翼机福克 DR－1，是当时有名的战斗机。现代飞机则是单翼式。如按机翼和机身的相对位置分，飞机有上单翼、中单翼和下单

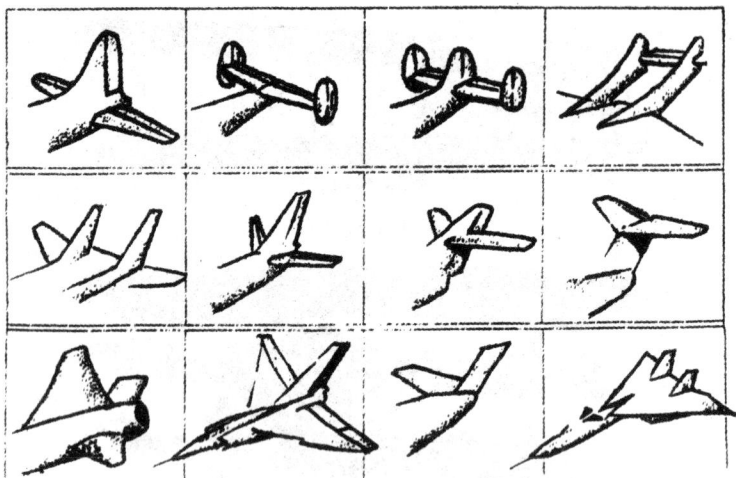

各种各样的飞机尾翼

翼三种。美国波音喷气客机采用下单翼，而美国生产的P-38战斗机则采用上单翼。如按机翼形状分，有平直梯形和后掠式、三角形之分。接近音速（即亚音速）的飞机多是梯形机翼；超音速飞机，机翼多为后掠式，或呈三角形，如图-144超音速客机机翼就呈三角形。

从尾翼看，如按水平尾翼位置分，正常尾翼都是位于机尾；另有一种尾翼则放在机身前部，这种尾翼叫鸭式尾翼，如瑞典"雷"式战斗机和美国B-70超音速轰炸机就带鸭式水平"尾"翼。水平尾翼一般都装在机身上，也有装在垂直尾翼上的，如C-5A运输机等。如按垂直尾翼个数分，大都是单立尾；也有双立尾的，如美国A-10攻击机是双立尾。美国研制的B-2隐身轰炸机则无尾翼。

从发动机看，飞机发动机的类型分为活塞式和喷气式。早期飞机采用的都是活塞式发动机，它带有螺旋桨，一眼就可以看出。喷气式飞机带有喷气发动机。喷气发动机有进气口和喷气口，也容易看出。如按喷气发动机数目分类，有单发动机式和多发动机式。战斗机的发动机大都放在机内，轰炸机、运输机和旅客机的发动机大都放在机外，如B-52、图-22轰炸机和C-5A运输机等。波音707是放在机翼下，前苏联的伊尔-62是放在机身后。一般说，飞机越大，发动机数越多。

从起落装置看，陆上飞机都带轮子，水上飞机带船身式浮筒，雪上飞机带滑橇。

怎样识别我国客机机型

到民航售票处去买机票，或到航空港去乘飞机，一般都想知道乘坐的是哪国产的飞机，什么生产厂家生产的什么类型的飞机。我国民航飞机每架机都有一个编号，一看就清楚。

编号由字母 B 及 4 位阿拉伯数字组成。其中第一位数字由 2 或 3 组成。2 代表喷气飞机，3 代表涡轮螺旋桨飞机。

美国波音 707 的机号为 24XX（XX 由 01 至 20），波音 747 的机号为 24XX（XX 从 42 开始），波音 737 的机号为 25XX，波音 767 的机号为 255X，波音 757 的机号为 28XX。

美国 MD-82 的机号为 21XX，MD-11 的机号为 217X。

欧洲空中客车 A310 的机号为 2301 至 2305，A300 的机号从 2306 开始。

前苏联图 154 的机号为 26XX，安-24 的机号为 34XX。

中国运八的机号为 31XX，运七的机号为 34XX，运十二的机号为 38XX，运五的机号为 8XXX。

其中波音飞机为美国波音公司生产，麦道飞机为美国麦道公司生产，欧洲空中客车由欧洲空中客车公司生产，图-154 由前苏联图波列夫设计局设计，安-24 由前苏联安东诺夫设计局设计。运五由我国南昌飞机公司和石家庄飞机制造厂制造，运七由我国西安飞机公司制造，运八由我国陕西飞机公司制造，运十二由我国哈尔滨飞机公司制造。

作战飞机的命名

美国作战飞机用英文字母来区分类型。F代表战斗机，B代表轰炸机，C代表运输机，A代表攻击机，KC代表加油机。此外，美国飞机还有个正式名称，如F-4战斗机叫"鬼怪"，B-52轰炸机叫"同温层堡垒"，A-10攻击机叫"雷电"，KC-135加油机叫"同温层油船"。

前苏联作战飞机不按机种来定名，而是按设计该飞机的负责人姓名来定，如米高扬设计局设计的飞机以"米格"命名，苏霍伊设计局设计的飞机以"苏"命名，雅克福列夫设计局设计的飞机以"雅克"命名，图波列夫设计局设计的飞机以"图"命名，伊留辛设计局设计的飞机以"伊尔"命名，安东诺夫设计局设计的飞机以"安"命名等。

法国战斗机以"幻影"命名，如"幻影"2000。

我国飞机也按种类命名，战斗机又叫歼击机，用"歼"代表，轰炸机用"轰"代表，运输机及民航机用"运"代表。直升机用"直"代表，如歼七战斗机，轰五轰炸机，运十一客机，直五直升机等。

北大西洋公约国家专门成立了一个军事装备命名委员会，对各国新飞机起绰号。绰号的取法是：战斗机用"F"字母开头的词，如米格-21的绰号是FISHBED（鱼窝）；轰炸机用"B"字母开头的词，如图-22的绰号是BLENDER（眼罩）；运输机用"C"字母开头的词，如伊尔-86的绰号为CAMBER（小船坞）；直升机用"H"字母开头的词，如米-8的绰号为HIP（河马）；其他用途的飞机用"M"字母开头的词，如别-2反潜机绰号为MAIL（铠甲）。

B-52轰炸机"同温层堡垒"

图-22轰炸机"眼罩"

未 来 篇

　　人类乘气球飞行已 200 多年、乘飞机上天近 100 年，航空事业发展了两个世纪，而到本世纪已经突飞猛进。那么，到下一世纪，将会有什么新的发展呢?

　　人类历史上曾经历了三次技术革命。第一次技术革命始于 18 世纪，以蒸汽机应用为标志；第二次技术革命始于 19 世纪，以电力技术应用为标志；第三次技术革命始于本世纪，以新材料、新能源技术、电子技术、空间技术和生物工程技术等为核心的多种技术的应用为标志。航空工程也将随着新材料、新工艺、新能源和微电子技术、计算机的发展，实现新的跃进。飞行器将在性能上有新的突破，应用上更广泛，新型飞行器还将涌现。在未来的世纪，人们将与航空联系更密切，航空工程将为人类带来更大的利益。

未来的飞艇

飞艇在 20 世纪 20 年代前后经历黄金时代之后，由于新型飞行器的出现，而退出了空中舞台。然而，由于技术的进步，特别是新动力、新材料和电子技术的发展，又促使飞艇得以复兴，因此，在不久的未来，飞艇将重返天空，在国民经济的各个领域内大放光彩。

碟式飞艇

未来飞艇的外形，将不再拘泥于采用固有的梭形，而是根据需要进行改革。这种飞艇被称作变体飞艇。

有一种变体飞艇的设计方案，类似我国古代的木筏子。它是将许多梭形飞艇并列在一起，组成多体飞艇，如双体飞艇和三体飞艇等。在这种飞艇的两体

飞艇和直升机混合的飞行器

之间，用一种搭翼连接起来。搭翼实际上也是充气的，只不过它的剖面呈流线型，就好像在艇身之间插上了翅膀。这样不只是增加了静升力，而且在飞行时可增加动升力。美国于 20 世纪 90 年代开始设计一种三体飞艇，每个艇身剖面的直径为 50 米，体长为 240 米，可以载重 100 吨。

有一种变体飞艇，干脆将艇身设计成扁平三角锥形，整个飞艇就像一只三角形飞翼。这种扁平三角锥形飞艇又叫"升力体"，它具有飞翼的外形，因此能在跑道上像飞机一样滑跑增加升力，

扁平三角锥形飞艇

在空中飞行时也会靠翼面产生动升力，而它体内又充填了氦气，又可提供静升力。所以，这种飞艇不仅载客多，速度也比一般飞艇快。一架翼展 78 米，长 103 米的"升力体"，装 4 台 4042.5 千瓦（5500 马力）的涡轮螺旋桨发动机，可以达到 240 千米/小时的速度。此外，还有将飞艇设计成碟形，像飞碟。

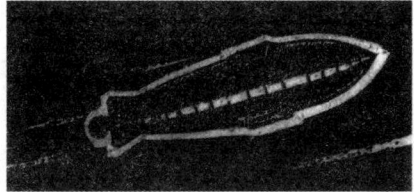

核动力飞艇

未来飞艇将寻找合作伙伴，和飞机、直升机结合，组成混合式飞行器。

飞艇和飞机合作的方式是，将一般飞机的机体加大，变成飞艇的艇身，里面充上氦气，然后加大机翼和尾翼，保留原来飞机的驾驶舱、起落机和动力装置。20 世纪 90 年代后期，美国计划将其最大的运输机 C-5A 进行这样的改装，以期它可以将原来 100 吨的载重增加到 180 吨。

飞艇和直升机合作的方案有多种。其中一种是用一艘飞艇吊起 4 架直升机，由飞艇的浮力来承担直升机的全部重量，而 4 架直升机的旋翼产

搭翼式双体飞艇

生的升力全部用来起重和运输。美国拟用一艘容积10万立方米的飞艇，吊起4架CH-53D直升机，估计总起重量可达75吨。有人设想用这种"直升机飞艇"吊起舰船，这样就不必建造船坞了。

未来飞艇将使用新型动力推动。如在飞艇上安装太阳能电池，作为它飞行的动力。估计一艘长80米的飞艇上，装满太阳能电池的话，可得到100千瓦的电力。由这些电力提供电动机工作，带动螺旋桨，可使飞艇以时速100千米的速度飞行。这种飞艇不仅可以作为旅行飞艇载客，还可以作为空中发电站，将太阳能转变成微波形式的电能，发射到地面。另外，核动力在飞艇上运用也比较优越，因为飞艇可以造得很大，可以把核反应堆用防护层安装在远离客舱的尾部，这样就不必担心核污染的问题。这种核动力飞艇将长期工作，成为永不着陆的空中旅馆。

新一代超音速旅客机

"飞得快",这是航空界努力追求的目标之一。现代超音速旅客机已经将世界变得越来越小,洲际旅行和环球旅行都可以在一天内实现。

20 世纪出现的第一代超音速旅客机"协和号"和"图 – 144"

斜翼飞机

的速度接近音速的 2 倍,为高速民航带来希望。但是,由于这两种飞机成本高、噪音大,在民航线上服务了一段时间后,相继隐退了。

在 20 世纪末,美国曾提出发展高超音速的旅客机计划,也是由于以上原因,在民众一片反对声中,计划搁浅了。

但是,在下一世纪,比第一代超音速旅客机速度更快的客机将会重新崛起。由于科学技术的进步,第一代超音速客机的缺点将得到克服,使航行速度达到音速的 2.5~3.5 倍。这样,人们沿赤道环球旅行一周,将只需几个小时,真正做到了"天涯若比邻"。目前,美国和法国等国家都提出了第二代超音速旅客机方案。

这种飞机机身呈子弹状,机翼呈三角形或箭形。机翼下装有数台涡轮喷气发动机和冲压式喷气发动机。为了减少起飞和着陆时的噪音,在起落时只开动涡轮喷气发动机;到高空时,全部发动机一起工作,加速到超音速；之后，涡轮喷气发动机可以休息，以备着陆时使用。这样既降低了成本，又减少了对地面的污染。

法国设想的未来超音速客机

有一种高超音速旅客机的设计方案是装有 5 台普通的涡轮喷气发动机和 5 台冲压式喷气发动机。在起飞着陆时，又用 5 台普通涡轮喷气发动机工作；到 20000 米以上高空飞行时，10 台发动机一起工作，可以加速到 3200 千米/小时，即达到音速的 3.5 倍。这时，5 台涡轮喷气发动机可以休息，再用 5 台冲压式喷气发动机加力工作，估计此时速度可达到音速的 6 倍。飞机可以一直以这个速度巡航飞行。以这种速度飞行，从日本飞到美国 8700 多千米的最长航程，只需两小时。

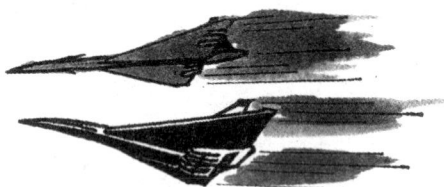

第二代超音速客机方案

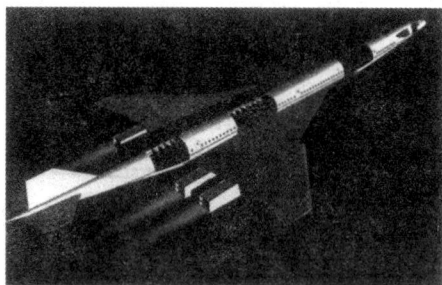

美国设计于 2015 年运行的超音速客机

还有一种超音速旅客机的方案是采用斜翼。这种斜翼有点像直升机的旋翼，它可以转动。当起飞和着陆时，斜翼转成平直翼形式，这样可以增加升力，减少噪音；当在高空飞行时，斜翼转成后掠翼形式，则可以减少飞行阻力，提高飞行速度。

有的超音速客机将采用鸭式布局，即是将水平尾翼挪到机身前面，变成水平前翼，这样可以增加升力，缩小机翼面积，减少阻力，使飞机速度大大提高。

巨型旅客机

　　"载得多"，这也是日益发展的民航运输事业的迫切需要。估计在21世纪，乘飞机空中旅行的比重将比乘车船在地上和水上旅行的比重大大增长，因此研制载客量更大的巨型旅客机，将是民航发展的另一趋向。

飞行平台

　　在20世纪，一批以波音747SP为代表的宽机身客机，已经初露辉煌，成为各国民航的佼佼者。它可以载客500余人，比波音707客机载客多近4倍。

　　在21世纪，将会出现更大型的超级旅客机。这种旅客机将成为"空中旅馆"，不仅载客多，而且环境宽敞和舒适。美国波音公司、麦道公司和欧洲飞机公司就在竞相开拓超大型民航机市场，研制可乘600至800多位乘客的客机。为了争夺市场，1996年底，美国最大两家航空公司波音公司和麦道公司还决定合并，原麦道公司大批军用飞机技术人员将并入波音公司，为合并后的波音公司增加了客机研制的技术力量。

　　未来大容量型客机将在现有的波音747SP的基础上进行改造，一是加长机身，二是加长机身上层舱，三是再加大机身；还有就是在现有麦道客机基础上，增加发动机，加大载客量。

此外，一些全新的巨型旅客机方案也在研制中。

一种巨型旅客机的设计是采用"飞翼"型，整架飞机就像一只三角形的大翅膀。全部机体都包括在机翼及与机翼融为一体的机身内。整个机体都可以载重，乘客、货物和燃油全都处在其中。估计一架重 540 吨的"飞翼"可以载重 270 吨，这比波音 707 客机的载重还大。

巨型水上飞机

另一种巨型旅客机将采用环翼。这种环翼飞机由于机翼面积大、阻力小，所以升力大，载重量也就大。

有一种巨型旅客机看上去像一个"飞行平台"，它的机身部分没有固定客舱，只是一个平台。它的机舱是活动的，像集装箱，可以载客，也可以运货。当需要运载时，就将这些活动机舱推进飞机的平台，固定之后即可运行。还有一种巨型旅客机将采用多机身方案，即有两个或三个机身，这样既可以增大载客量又可以使飞机飞行更平稳。

飞翼

未来巨型旅客机还将以水上飞机的面目出现。水上飞机沉寂多年，它将克服固有的缺点重新崛起。材料科学的发展将制成不漏水、不受海水侵蚀的机身；自动化技术的发展将使它不受波浪影响而保持起落的稳定。

未来的环翼飞机

水上飞机有载客多、经济性好的优点，这样，大型水上机将成为未来的巨型旅客机，估计可乘千人以上，可以和轮船媲美。

在未来航线中，还将出现一种新型的巨型飞行器，它是一种轻、重飞行器的混合体。它外形像飞机，但又装有氦气囊。起飞时，它靠氦气囊获得巨大的静升力；在飞行中，它可以用涡轮风扇发动机作动力。有人估计，这种飞行器将可载客 7000 人，真是"空中列车"了。

巨型旅客机的特点是采用新材料、新技术、新动力等，如采用轻质复合材料、涡轮风扇弯力式螺旋桨发动机、氢燃料和原子动力等。

第五代超音速战斗机

现代战争是一种时间的争夺战，谁赢得一分一秒的时机，谁就占有优势。因此现代战斗机的速度越来越快，目前战斗机已经发展到了第四代，它的速度已经达到 3 倍音速以上。但是，这种速度不是在中低空飞行时可以达到的，只有在高空飞行时才能达到。而现代空战并不只在高空飞行时发生，在中低空巡航时也会发生。因此，为了适应未来的空战，就要求有一种超音速的巡航战斗机，这样既可以提高对地的攻击能力，又可以及时逃避对方地面火力的攻击。

美国等国正在研究巡航式超音速战斗机。它号称第五代超音速战斗机，将成为 21 世纪的主力战斗机。

未来的无人驾驶战斗机

这种巡航战斗机外形似箭。它机身细长，机舱低矮，机翼呈三角箭形，机翼和机身几乎融合在一起，采用双立式垂直尾翼，发动机位于翼下，进气口变成扁平形，巧妙地隐藏在机体内，这样将大大减少阻力，

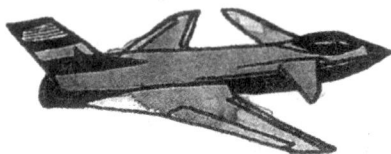

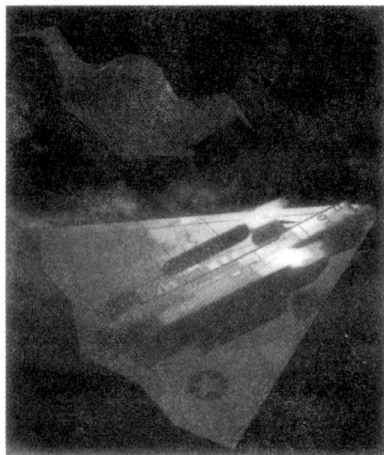

提高速度。

　　还将研制的一种高速战斗机的尾翼采用鸭式前翼，即将水平尾翼移至机身前部，机翼采用先进的可变的弯曲机翼。还有的高速战斗机为了减少阻力，采用双机身，即将一个机身劈成两个细长的机身。有的高速战斗机则采用大后掠翼，以便减少阻力；还有的军用飞机甚至采用前掠翼，即机翼向前掠，它和后掠翼一样，可减少阻力。

　　未来的新一代高速战斗机将大量采用新材料、新技术，并改进动力性能。如采用新型吸波材料做机身蒙皮，可大量吸收雷达波，使飞机具有隐身性能；采用电子技术，使飞机可以自动控制甚至无人驾驶；发动机采用先进的进气道和二元喷管，使飞机动力效率更高。

　　据估计，巡航式超音速战斗机的巡航速度可以达到音速的 1.2 倍。此外，它将装备多种新式武器，可以同时对付 20 个目标。

三角翼机

箭式机

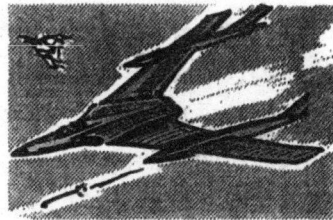

大后掠翼机

鸭式前掠翼机

超音速垂直起落战斗机

20 世纪正式投入使用的垂直起落战斗机有英国的"鹞"式和前苏联的"雅克－36"。这种战斗机由于可以垂直起落，所以具有优良的作战反应力；它不必依赖地面的机场，所以大大地提高了在地面的生存力。但是，这种战斗机还没有达到音速。一种新一代的超音速垂直起落战斗机将在 21 世纪出现。

这种垂直起落机的方案有两种：一种是着眼在动力上，即让发动机舱转向或让发动机喷口转向；另一种是着眼在机翼上，使机翼能倾斜，以达到既可垂直起落、又可平飞的目的。

超音速垂直起落机的技术关键是动力装置，目前的动力装置的推力还不够大。正在研究的新型超音速垂直起落战斗机将具有 F－16 超音速战斗机的平飞速度，又具有"鹞"式飞机那样的垂直起落性能。早在 1986 年，美国和英国就在合作研究新型动力系统，并设计了

未来的超音速垂直起落机能从舰上起飞和在舰上降落

4 种方案，期望这种涡轮喷气发动机的重量更轻，而且推力更大。一旦这种动力装置成熟，垂直起落战斗机达到超音速就成为可能。

另一种垂直起落机的方案也在研制中。它就是采用倾斜旋翼。这种飞机的机翼可以转向：当它垂直起落时，整个机翼转成水平方向，即旋

翼式，像直升机那样垂直起落；当它水平飞行时，整个机翼转成垂直方向，像一般飞机那样，产生拉力前进。这种垂直起落机既保持了直升机的垂直起落特性，又保持了一般飞机的高速飞行性能。不过，它比直升机的噪音小、航程远，而且经济性较好。当然这种飞机的技术

美国波音公司设想的新一代垂直起落机

关键是使机翼转向自如，相信在 21 世纪这项技术会有突破。

航天飞机和空天飞机

通常的飞机是靠空气飞行的，所以只能在大气层内飞行。为了飞出大气层，就必须采用火箭发动机。1947年10月，美国研制的X－1型火箭飞机首次突破音障成功。1956年，X－2型火箭飞机又创造了速度 3450 千米/小时的新记录。1959 年，X－15 型火箭飞机，创造了航速达 6.72 倍音速的空前速度记录。

但是，火箭飞机不能投入使用，因为它的工作时间大短，而且火箭发动机不能重复使用。为此，美国于 1960 年着手研制能反复使用的航天飞机。1981 年，经过多次曲折，美国第一架航天飞机"哥伦比亚"号试飞成功。

航天飞机虽然可以在大气层外的地球轨道上飞行，但是它得靠火箭发动机垂直发射到空中，靠两级发动机推动，才能进入地球轨道，十分不方便。于是，美国又计划研制一种可以像一般飞机那样水平起飞，靠一级发动机推动就能进入地球轨道，并能水平返回地面的新一代航天飞机，即空天飞机。美国航空航天局于本世纪末打算研制 3 架 X－30 型空天飞机研究机，它外型类似波音 727 客机，估计它将以 25 倍音速在大气层外飞行，以 15 倍音速在大气层内飞行。

液氢飞机和液化气飞机

俄罗斯、美国、德国等国在加紧研制无公害飞机，即采用液氢和液化天然气为燃料的运输机。俄罗斯先在图-154运输机上试验用液氢燃料，取得成功，并计划在2000年前将液氢飞机正式投入使用。俄罗斯还在计划研究以液化天然气为燃料的运输机。

未来的直升机

直升机将进入民航

　　现代直升机虽然具有垂直起落和空中停悬的优点，在国民经济中得到广泛的应用，但是它的缺点是速度低、载客少，因而未能进入到民航客机行列。

　　在 21 世纪，直升机将向大型化、高速化方向发展，以便争得民用航空的一席之地。

复合式直升机（上图为平飞时，下图为起落时）

　　一种大型直升机的方案是采用宽机身、多旋翼。机身呈"飞翼"型，这样既可以改善机身的气动性能，又可以利用"飞翼"内部的宽敞空间，布置更多的座位。扁平式的"飞翼"可以提供两台或更多台的旋翼空间，使多台大功率的涡轮轴发动机同时工作，产生巨大的升力。这种大型直升机可以乘坐上百名乘客，并给乘客提供舒适的活动空间。

　　为了提高直升机的载重性能，一种核动力直升机正在研究中。它的载重将超过 250 吨，机体像一般飞机那样，但有两对翅膀，翼尖处各装有一台涡轮轴发动机，带动 4 副旋翼产生升力。核反应堆安置在机尾，

和旅客舱远远隔离。估计这种巨型直升机将可乘坐上千名乘客。

为了提高直升机的速度，直升机将和飞机结合起来，成为"复合式直升机"。这种飞行器既有旋翼，又有一般固定式机翼。起落时，旋翼工作；平飞时，旋翼可以自动叠合，并藏于机体内。另一种方案是机翼和旋翼合一，

采用激光寻找目标和隐身的直升机

它可以自由转向。垂直起落时，转成旋翼式，产生升力；平飞时，转换成螺旋桨式，产生拉力。

新一代武装直升机

武装直升机是作战飞行器中的后起之秀，它是在 20 世纪 70 年代才开始进入实战的。过去，军用直升机大多只用在运输、侦察和救护等方面，不直接作战，而且很容易受到攻击，因此军事作用受到限制。

60 年代，美国为了满足越南战场的急需，在直升机上加装导弹发射器和航炮，生产出一批武装直升机。紧接着，前苏联、英国和德国等也相继生产出武装直升机，使战场的作战方式和战术发生了根本的变化。

为了适应未来战争的需要，一种更先进的攻击直升机计划将在 21 世纪实现。在未来战争中，直升机将面临更强大的防空火力和地对空导弹的威胁，因此未来武装直升机将具有更好的机动性、更优良的隐蔽性和更强大的火力，可发射导弹。

这种直升机上将装有先进的电子对抗设备、激光寻找目标系统和红外扫瞄装置。激光系统和红外扫瞄装置将不分日夜，及时发现对方的炮火和导弹，及时逃避攻击；电子对抗设备可以发出干扰信号，使对方的

导弹攻击失误；隐身性能可保证自身的安全。总之，新一代的武装直升机将实现电子化，成为未来战场上的新军。

能载导弹发射车的武装直升机

微波飞机与磁力飞机

微波飞机

收音机和电视机都是利用无线电波工作的，不过它们消耗的电能很小。可不可以将电波的能量加大，大到使它能推动飞机呢？航空学家多年来就有这个设想，但是由于技术问题，一直未能实现。直到近来，美国和加拿大等国家进行了实质性的研究，才向着这一设想的实现迈出了关键的一步。

这些国家研制的飞机，动力来源于波长极短的无线电波——微波。微波的特点是可以聚集成一束，定向向外界发射，这样就为飞机远距离使用无线电能提供了可能。

地面天线陈列供微波能给飞机

早在 1899 年，科学家特斯拉就在一座高楼上进行了微波发射的实验。如果将这种微波对准飞机发射，就可以为飞机提供能量。过了将近一个世纪，这种飞机方案终于出现在设计师的面前。

1978 年 10 月，加拿大设计了一种高空无人驾驶飞机。这种飞机的能量就是由微波提供的。它的工作原理和太阳能飞机差不多，上面装着许多半导体硅整流二极管，类似太阳能飞机上的太阳能电池。不过太阳能电池可以把太阳能转为电能，而半导体二极管则可以将微波能转化为电能。电能带动电动机，电动机再带动螺

微波飞机

桨。这架飞机翼展 4.75 米，机身后面装了一个大圆盘。圆盘和机身、机翼上装满半导体二极管。这架飞机的用途是准备作为微波通讯的中继站，以代替通信卫星。

磁力飞机

美国还设计了一种喷气式微波飞机。这架命名为"阿波罗"号的轻型飞机，是以微波作动力，不过它上面装的是喷气式发动机。微波能转化为热能后，使发动机工作，喷出气体而飞行。这是一架有人驾驶的飞机，估计可以爬高到 12000 米。

微波飞机的优点是可以大大节省传统的燃料，减少污染。但是，它却带来另一种污染，即电磁污染。此外，这种飞机工作需要复杂的地面微波发射设备，所以造价很高。由于飞机本身还有许多技术问题没有解决，如载重小等，所以还未达到实际生产阶段。

磁力飞机

磁力飞机的原理十分古老，就是利用磁铁的同性相斥现象。早在两

千多年以前，我国人民就发现了磁的现象，并懂得同性相斥的道理。

科学家想像，如果将地面铺上磁铁，飞机上也装上磁铁，并且使它们的磁性相同，那么飞机不就能和地面"相斥"而浮起来吗！这个想像十分大胆，可惜的是，难以达到这么大的磁力。

20世纪60年代，超导技术的发展，为磁力飞机的产生带来了希望。超导，就是将某种材料处于超低温下，它会消失电阻，产生巨大的导电能力。一般磁体，要产生1万高斯的磁力，需要供给160千瓦电；而用超导磁体，只需几百瓦电，就可以产生这样大的磁力。用这样的超导磁体，就有希望造出磁力飞机来。

1972年，日本用超导技术，试制了一辆磁力火车。它可以载客4人，悬在铁轨上运行。这样，就为磁力飞机的诞生打下了基础。科学家准备让磁力飞机在真空管道里飞行，由于里面没有空气，不会有空气阻力，这样它的速度可以达到1600千米/小时，简直可以和现代超音速飞机媲美了。

原子能飞机

原子能号称能源之王，它的功率巨大，受到许多动力学家的青睐。1938 年，人类第一次发现了原子核的裂变反应，为人类利用原子能奠定了基础。

1000 克铀裂变产生的热量，相当于 2500 吨煤产生的热量。50 克铀裂变产生的能量，足可以推动一列火车从哈尔滨开到广州。用这种能源开动飞机多么理想啊！

原子能飞机的设想，几乎是和原子核潜艇同时产生的。但是，世界第一艘原子核潜艇"鹦鹉螺"号在 1955 年就下水了，而原子飞机至今还未造出来。原因是将原子发动机装到飞机上困难重重。

最大的困难不在发动机本身，而是在核污染的防护上，因为原子发动机要用厚厚的混凝土墙屏蔽起来，才能安全运行。显然，在飞机上安装厚厚的混凝土墙是不可能的；后来用铅皮代替混凝土，也还是笨重不堪。

一种原子飞机的设计方案

早在 1956 年 1 月，美国就试制成功了一种供飞机用的原子能喷气发动机。这台发动机用火车运到飞机厂时，采用 250 吨厚厚的铅皮屏蔽。可这 250 吨铅皮怎能装到飞机上去啊！

美国先后设计了两种原子能飞机。一种是试验机 X - 6，设计速度为接近音速；另一种是实用型机 125－A，设计速度为超音速。

原子能飞机的外形设计多为"鸭子"型。它有长长的机身和长长的"脖子"，尾巴上装着发动机，机头上是客舱，中间的"脖子"和机身上是放屏蔽物的。之所以设计成这样，就是为了防止尾部的核污染影响机头的客舱。

尽管原子能飞机的设计和研制早就列入了美国的计划，但由于难以解决屏蔽问题和小型原子能发动机的研制没有进展，美国不得不暂时停止发展原子能飞机的计划。然而，人们对原子能飞机的研制兴趣丝毫没有减弱。目前，又有一种无人驾驶原子能飞机的方案出台。这种飞机除装有原子能发动机外，还装有燃油发动机。为避免核污染，在起飞着陆时用燃油发动机；而在高空飞行时，因为无人驾驶，可以使用原子能发动机。估计它飞行 10000 小时才需添加一次核燃料。

美国洛克希德公司还设想过一种用原子能作动力的"空中航空母舰"方案。这种航空母舰不是航行在海上，而是飞行在空中，它的外形像一架无尾飞翼，它的大小要比波音 747 飞机还大 4 倍以上，总重达 3000 多吨。在它的机翼下面可以挂 24 架飞机，它为什么有这么大的力量，当然是依靠原子核动力。

未来的原子能飞机、原子能轮船和原子能潜艇并驾航行想像图

后 记

——致未来的航空工程师们

　　少年朋友，当你看到现代高速客机在蔚蓝的天空飞过时；当你从电影和电视上看到现代高科技武装的军用飞机在战场上大显神威时；当你在节日里看到漂亮的大飞艇在空中向你展示时，你是否会想到：这都是人类航空工程的结晶啊！

　　航空工程就是将人类升空的梦想化为现实的工程，是将飞行理论付诸实践造福人类的高科技工程。

　　人类飞行之梦做了千万年，这个梦只有在生产力发展、科学技术进步的近代才得以实现。航空工程是在从理想到理论探讨、从设计到工程实践、从实验到新的理论研究、再从新的理论分析到新的工程实践，一步步向前发展的。人类先是想飞行，接着从空气动力学理论分析，认为飞行是可能的；当第一架飞机成功后，又通过空气动力和结构等理论研究，使它的速度越来越高；当速度达到声音速度时，发生了"音障"，又从理论分析找到突破"音障"的方法，从而通过实践又造出了新型的超音速飞机；当飞行速度达到几倍音速时，又产生了"热障"，于是又从理论上找到攻克"热障"的方法，从而又通过实践研制出了高超音速飞机。由此可见，航空工程是一项多学科综合的系统工程，是许多工程人员共同努力才能实现的高新科技工程。

　　少年朋友中有不少航空迷，你们当中许多人也许将来会投身到航空工程的行列。那么，怎么实现你的理想呢？告诉你，就从现在开始努力吧！首先，你要学好当前的每一门功课，因为你现在学习的东西都是为将来从事任何工程所需要的基础知识，没有这些基础知识，就难以理解将来要研究的航空科学理论，这就像建造金字塔一样，没有牢固的基础，就难以造出直插云天的尖顶；其次，你还得要有强健的身体，有的同学乘电梯也会头昏，不敢乘坐游乐园里的过山车，这哪能承担航空工程师的重任呢；还有更重要的一条，要有顽强的精神和不畏艰险的品质。有一位"科研试飞英雄"说过，试飞新飞机就像骑老虎一样，要"明知山有虎，偏向虎山行"。

有了这些思想准备和基础知识，就为你将来从事航空工程事业打开了一条广阔的道路。与此同时，你还可以利用一切机会去发展你的爱好，如读一些航空书刊、参观航空博物馆、参观机场、参加航空模型小组活动等。总之，航空工程的大门在向你打开，未来的航空工程师们，天空在召唤你！

余俊雄